美味双竹

——竹笋、竹荪菜肴

洪春 ◎ 主编

中国农业出版社

U0238521

编写人员名单

郑　娟　亚　童　邱　囡

颂　涛　张　忠　晓　旭

刘　亮　秋　雪　瑞　海

钟　奇　向　宏　赵　华

前　言

竹荪，又称"真菌之花"、"植物鸡"等，名列"四珍"（竹荪、猴头、香菇、银耳）之首，是世界著名的食用菌。竹荪的营养价值很高，富含粗蛋白、粗脂肪、碳水化合物及多种氨基酸，特别是谷氨酸的含量很丰富，具有滋补强壮、益气补脑、宁神健体的功效。竹荪味道鲜美、脆嫩爽口、别具风味，是宴席上著名的山珍。在菌菇类饮食文化的各大菜系中，几乎都有竹荪。湘菜中的"竹荪芙蓉"是我国国宴的一大名菜，竹荪响螺汤、竹荪扒凤燕、竹荪烩鸡片等，都是著名的美味佳肴。

竹笋，是竹的幼芽，又名笋、毛笋、竹芽、竹萌。现代营养学研究表明，竹笋富含蛋白质、胡萝卜素、多种维生素、铁、磷、镁等和多种氨基酸，有助于增强人体免疫功能，提高防病抗病能力。竹笋还含大量纤维素，能促进肠道蠕动、去积食、防便秘，是肥胖者减肥的好食品。中国有竹250余种，大部分的幼芽可供食用。用竹笋、竹笋干制作出来的菜肴风味独特，如烟笋烧肉、烟笋烧鸭、油焖烟笋、烟笋火锅、泡椒酸笋等，是深受广大美食爱好者喜爱的菜肴。

本书汇集以竹荪和竹笋为主要食材的菜肴400多种，制作精细简便，风味独特鲜美，谨供家庭主妇及美食爱好者作为烹饪参考。

目　录

烧、煮、炖、蒸 ······ 71

竹荪类

竹 笋 类

炒

清 炒 竹 笋

原料：鲜竹笋 350 克，葱、姜、精盐、酱油、味精、植物油各适量。

 制作：

1. 将竹笋去老皮，洗净切成丝；葱、姜均切末。

2. 炒锅注油烧热，下入葱、姜爆香，放入竹笋丝，加入精盐、酱油翻炒至笋熟，撒入味精即可。

葱 香 笋 丝

原料：竹笋 350 克，小葱、红椒、水发黑木耳、姜、蒜、精盐、味精、生抽、植物油各适量。

 制作：

1. 将竹笋去皮洗净切细丝，小葱择洗干净切末，红椒去蒂、籽洗净切丝，黑木耳洗净切丝，蒜、姜均切末。

2. 炒锅注油烧热，下入蒜、姜爆香，放入竹笋丝、黑木耳丝、红椒丝、小葱末翻炒片刻，淋入生抽，撒入精盐、味精炒匀即可。

葱油双笋

原料：鲜竹笋、莴笋各300克，葱末、精盐、白糖、鸡精、植物油各适量。

 制作：

1. 将竹笋去外皮，洗净切滚刀块，下入开水锅内焯一下，捞出控水；莴笋洗净去皮切滚刀块，加入少许精盐拌匀，腌30分钟，滗去水分。

2. 炒锅注油烧至八成热，下入葱末爆香，放入竹笋、莴笋、白糖、鸡精略炒即可。

麻辣干笋丝

原料：干竹笋200克，干辣椒、精盐、味精、酱油、辣椒油、花椒粉、香油、葱、植物油各适量。

 制作：

1. 将干竹笋用温水浸泡12小时，用淘米水反复揉搓洗净，撕成粗丝切段，下入开水锅内焯一下，捞出控水；葱切丝。

2. 炒锅注油烧热，下入辣椒爆香，放入竹笋丝翻炒片刻，淋入香油，加入精盐、酱油、辣椒油、花椒粉、味精、葱丝炒匀即可。

蚝 油 春 笋

原料：春笋 500 克，蚝油、精盐、白糖、酱油、香油、鸡精、植物油各适量。

 制作：

1. 将春笋去壳洗净斜切成条，下入开水锅内焯一下，捞出控水。

2. 炒锅注油烧至六成热，下入春笋，加入蚝油、精盐、白糖、酱油翻炒片刻，撒入鸡精，淋入香油即可。

银 芽 笋 丝

原料：竹笋 300 克，绿豆芽 150 克，青椒 1 个，干辣椒、精盐、味精、植物油、大蒜各适量。

 制作：

1. 将绿豆芽洗净，去头尾；竹笋去老皮洗净切丝，下入开水锅内焯熟；青椒洗净去蒂、籽洗净切丝，蒜切末，辣椒切丝。

2. 炒锅注油烧热，下入蒜末、辣椒爆香，放入豆芽、笋丝快速翻炒，加入精盐、味精炒匀即可。

枸杞菜炒竹笋

原料：枸杞菜 400 克，竹笋 100 克，姜、精盐、料酒、白糖、味精、植物油各适量。

制作：

1. 将枸杞菜择洗干净，竹笋洗净煮熟切成细丝。

2. 炒锅注油烧热，放入枸杞菜、笋丝煸炒片刻，加入精盐、料酒、白糖、味精翻炒均匀即可。

青笋酱豆干

原料：青笋 200 克，白豆腐干 100 克，口磨 50 克，甜面酱、酱油、白糖、精盐、姜末、料酒、香油、植物油各适量。

 制作：

1. 将春笋去皮洗净切小丁；豆腐干、口磨均切丁，分别下入开水锅内焯一下，捞出控水。

2. 炒锅注油烧热，下入姜末爆香，放入青笋翻炒片刻，加入豆腐干、口磨、甜面酱炒匀，再加入酱油、精盐、白糖、料酒略炒，淋入香油即可。

橄榄菜炒小笋

原料：鲜笋 400 克，橄榄菜 50 克，红柿子椒 1 个，植物油、精盐、味精、酱油、葱、蒜、香油各适量。

 制作：

1. 将笋去外皮洗净切片，下入开水锅内焯一下，捞出控水；红柿子椒去蒂、籽洗净切末；葱、蒜均切末。

2. 炒锅注油烧热，下入蒜末煸香，放入笋片略炒，加入酱油炒上色，再加入橄榄菜、红柿子椒末、精盐、味精炒入味，淋入香油，撒入葱花即可。

竹笋梅干菜

原料：梅干菜 2500 克，竹笋 200 克，白糖、植物油、高汤各适量。

 制作：

1. 将竹笋去外皮洗净，煮熟，切条；梅干菜洗净切小段。

2. 炒锅注油烧热，下入梅干菜略炒，放入竹笋，加入适量高汤、白糖、烧至汤干即可。

笋丝豌豆

原料：鲜豌豆 200 克，竹笋 250 克，植物油、精盐、白糖、味精各适量。

 制作：

1. 将豌豆洗净煮熟，竹笋去壳洗净切成细丝。

2. 炒锅注油烧至八成热，下入竹笋丝略炒，加入豌豆翻炒，撒入精盐、白糖、味精炒匀即可。

蚕豆炒春笋

原料：春笋 300 克，蚕豆 150 克，植物油、精盐、鸡精、葱、姜、料酒、淀粉各适量。

 制作：

1. 将蚕豆去皮，下入开水锅内焯一下，捞出过凉；竹笋去壳洗净，下入开水锅内煮熟，捞出过凉切成丁；葱、姜均切成末。

2. 炒锅注油烧热，下入葱、姜爆香，放入竹笋丁、蚕豆略炒，烹入料酒，用水淀粉勾芡，撒入精盐、鸡精即可。

竹笋炒豆苗

原料：豌豆苗600克，竹笋100克，草菇、胡萝卜各50克，精盐、味精、淀粉、葱、姜、植物油各适量。

 制作：

1. 将豌豆苗择洗干净，草菇洗净去蒂切两半，竹笋洗净切片，胡萝卜洗净切片，葱切末，姜切丝。

2. 炒锅注油烧热，下入葱、姜爆香，放入胡萝卜片、笋片、草菇片翻炒，加入豌豆苗、精盐、味精炒片刻，用湿淀粉勾薄芡即可。

雪菜竹笋黄豆

原料：竹笋300克，腌雪菜50克，黄豆50克，植物油、鸡精、香油、葱、姜各适量。

制作：

1. 将干黄豆洗净，加清水浸泡12小时，煮熟；竹笋去壳洗净切成小丁，下入加入精盐的开水锅里煮片刻，捞出控水切丁；雪菜洗净切碎，葱、姜均切末。

2. 炒锅注油烧热，下入葱、姜爆香，放入竹笋丁略炒，加入雪菜、黄豆翻炒均匀，撒入鸡精，淋入香油即可。

雪菜剁椒炒竹笋

原料： 雪菜 200 克，竹笋 500 克，葱、剁椒、精盐、白糖、鸡精、香油、植物油各适量。

 制作：

1. 将竹笋去壳洗净切成小丁，下入开水锅内焯片刻，捞出沥水；雪菜洗净切末，葱切末。

2. 炒锅注油烧热，下入葱末爆香，放入竹笋丁煸炒片刻，加入剁椒、雪菜翻炒，撒入精盐、白糖、鸡精炒匀，淋入香油即可。

八宝竹笋菠菜

原料： 菠菜 500 克，竹笋、胡萝卜、鲜香菇、葱丝、核桃仁、杏仁、腰果、海米、火腿、植物油、精盐、味极鲜酱油、香油各适量。

 制作：

1. 将菠菜择洗干净，切段，下入加盐的开水锅内焯熟，捞出挤干水份，盛入盘内。

2. 将竹笋、胡萝卜、香菇分别洗净切丝，均下入开水锅内焯熟，捞出沥干水份，码在菠菜上。

3. 炒锅注油烧至六成热，下入腰果、杏仁、核桃仁过油，捞出控油，压碎。

4. 炒锅注油烧热，下入葱丝、火腿丝、海米煸炒片刻，盛在菠菜上，加入精盐、味极鲜、香油拌匀，撒上干果碎即可。

香菇炒冬笋

原料：干香菇 50 克，冬笋 250 克，酱油、精盐、白糖、水淀粉、香油、植物油各适量。

 制作：

1. 将冬笋去皮、根洗净切片，下入开水锅内焯一下，捞出控水；香菇用温水泡软，洗净去蒂切成片。

2. 炒锅注油烧热，下入冬笋、香菇煸炒片刻，加入酱油、白糖、精盐、泡香菇的水，大火烧 10 分钟，用水淀粉勾芡，淋入香油即可。

蚝油笋片杏鲍菇

原料：竹笋 300 克，杏鲍菇 150 克，精盐、干辣椒、蚝油、蒜、葱、植物油各适量。

制作：

1. 将竹笋去壳洗净切片，下入开水锅内焯一下，捞出控水；杏鲍菇洗净切片，葱、蒜均切末。

2. 炒锅注油烧热，下入葱、蒜、干辣椒爆香，放入笋片煸干水份，加入杏鲍菇翻炒片刻，淋入蚝油，撒入精盐炒匀即可。

魔芋尖椒炒笋丝

原料：魔芋丝100克，竹笋300克，鲜红尖椒50克，精盐、酱油、葱、蒜、料酒、豆瓣酱、植物油、白糖各适量。

 制作：

1. 将竹笋去外壳洗净，下入开水锅内煮熟，捞出控水切丝；鲜红尖椒去蒂、籽洗净切丝，葱、蒜均切末。

2. 炒锅注油烧热，下入葱、蒜爆香，放入魔芋丝、白糖、豆瓣酱、料酒翻炒片刻，再放入笋丝、尖椒丝，加入酱油、精盐炒匀即可。

家常牛尾笋

原料：牛尾笋800克，郫县豆瓣、酱油、料酒、淀粉、味精、素汤、植物油各适量。

 制作：

1. 将牛尾笋去壳、老根洗净，切小块，下入开水锅内焯一下，拉扯控水。

2. 炒锅注油烧热，下入郫县豆瓣炒出红油，放入笋块略炒，添入适量素汤，加入酱油、料酒翻炒入味，用湿淀粉勾芡，撒入味精即可。

糖醋素排骨

原料：冬笋 100 克，山药 200 克，淀粉、白糖、醋、姜末、精盐、酱油、味精、植物油各适量。

 制作：

1. 将山药洗净去皮，上锅蒸熟，碾成泥，加入淀粉、精盐搅拌均匀。

2. 将冬笋煮熟切成长条，裹上山药泥，两头各露出 1 厘米，成排骨形状，下入八成热的油锅内炸至金黄色，捞山控油。

3. 炒锅注油烧至五成热，下入姜末爆香，加入清水、酱油、白糖、精盐、醋、味精烧开，用湿淀粉勾芡成糖醋汁，放入素排骨炒匀，淋少许明油即可。

紫　菜　笋

原料：竹笋 500 克，紫菜皮 2 张，洋葱、青椒各 25 克，面粉、番茄酱、香油、醋、白糖、精盐、植物油各适量。

制作：

1. 将竹笋去皮洗净煮熟，切成长条；洋葱、青椒切块，紫菜剪成长方形小块，面粉加少许水调成糊。

2. 将竹笋条逐个卷上紫菜片，用面粉糊封口，再逐个滚匀面糊，下入八成热油锅内炸至变色，捞出控油。

3. 炒锅留少油烧热，下入洋葱、青椒翻炒，加入白糖、醋、精盐、番茄酱，放入炸好的冬笋条炒匀，淋入香油即可。

炒 五 丁 饺

原料：冬笋、水发冬菇各100克，鲜蘑菇、豌豆粒、胡萝卜、黄瓜各50克，南豆腐250克，油豆皮3张，精盐、酱油、白糖、料酒、姜丝、淀粉、面粉、鲜汤、味精、香油、植物油各适量。

 制作：

1. 将南豆腐加入精盐、味精碾碎拌匀，鲜蘑菇、水发冬菇、冬笋（50克）均切碎末，余下冬笋、黄瓜均切丁；面粉加适量清水调成糊。

2. 炒锅注油烧热，下入姜丝爆香，放入鲜蘑菇末、冬菇末、冬笋末，加入精盐、酱油、味精、白糖、料酒、香油炒匀成馅料。

3. 将油豆皮剪成圆形小皮，先抹上豆腐泥，再放上适量馅料，逐个包成饺子形状，用面粉糊封口，上锅蒸15分钟，取出。

4. 炒锅注油烧至七成热，下入饺子炸至金黄色，捞山控油。

5. 炒锅留少许油烧热，下入冬笋丁、黄瓜丁、胡萝丁、豌豆粒煸炒，加入酱油、白糖、料酒、鲜汤、味精，放入炸好的饺子炒片刻，用湿淀粉勾芡，淋入香油即可。

雪菜冬笋炒白干

原料：冬笋、白豆腐干各150克，雪菜50克，嫩青豆、青蒜、姜、干辣椒、醋、香油、植物油各适量。

 制作：

1. 将雪菜用清水浸泡略除咸味，切成小段；冬笋、豆腐干切丝，干辣椒切丝，姜切丝，青蒜切段。

2. 将冬笋丝、青豆分别下入开水锅内焯一下。

3. 炒锅注油烧热，下入姜丝爆香，加入豆腐干炒至表皮收缩，盛出。

4. 炒锅注少许香油烧热，下入辣椒丝炒变色，加入姜丝略炒，放入冬笋丝、青豆翻炒，再加入豆腐干丝、雪菜、醋炒匀，撒入青蒜段，淋入香油即可。

咖喱竹笋豆干丝

原料：豆腐干，250克，竹笋150克，料酒、精盐、咖喱粉、味精、淀粉、植物油、香油各适量。

制作：

1. 将白豆腐干切丝，竹笋洗净切丝。

2. 炒锅注油烧至六成热，下入豆腐干丝煸炒，加入咖喱粉炒香，放入笋丝，烹入料酒，加入精盐、少许水翻炒，用水淀粉勾薄芡，撒入味精，淋入香油即可。

炒素什锦

原料：嫩竹笋、干腐竹、鲜香菇、干黑木耳、干黄花菜、面筋、豆腐干、胡萝卜各50克，葱、香菜、老抽、生抽、白糖、鸡精、香油、植物油各适量。

 制作：

1. 将腐竹、木耳、黄花菜分别泡发，洗净改刀；面筋、豆腐干分别切块，胡萝卜洗净切块，嫩竹笋去皮洗净切块，葱切末，香菜择洗干净切末。

2. 炒锅注油烧热，下入葱末爆香，放入木耳、香菇、面筋、豆腐干、竹笋、胡萝卜翻炒，加入老抽、生抽、白糖炒匀，添入少许清水略煮，放入腐竹、黄花菜，大火收汁，撒入鸡精，淋入香油炒匀即可。

蛋皮笋丝炒韭菜

原料：鸡蛋1个，竹笋、韭菜各200克，植物油、精盐各适量。

 制作：

1. 将鸡蛋磕入碗内打散，倒入热油锅内摊成蛋皮，盛出切丝；竹笋去壳洗净，下入开水锅内煮熟，捞出切丝；韭菜择洗干净切段。

2. 炒锅注油烧热，下入韭菜、笋丝翻炒片刻，加入精盐炒匀，撒入蛋皮丝即可。

泡椒竹笋芽菜

原料：竹笋300克，芽菜100克，葱、蒜、精盐、生抽、泡椒、植物油各适量。

 制作：

1. 将竹笋去皮洗净切丁，下入开水锅内焯一下，捞出控水；芽菜洗净控水，葱、蒜均切末。

2. 炒锅注油烧热，下入葱、蒜爆香，放入竹笋略炒，加入芽菜、泡椒、精盐、生抽炒匀即可。

蒜香竹笋芽菜

原料：竹笋 300 克，芽菜 100 克，青椒 1 个，蒜、耗油、精盐、植物油各适量。

 制作：

1. 将竹笋洗净切丝，青椒去蒂、籽洗净切丝，蒜切粒。

2. 炒锅注油烧热，下入蒜末爆香，加入芽菜略炒，放入竹笋、青椒丝翻炒片刻，淋入耗油，撒入精盐炒匀即可。

番茄双笋炒银杏

原料：芦笋、竹笋、西红柿各 100 克，水发木耳 50 克，银杏仁 25 克，高汤、蚝油、精盐、白糖、植物油、葱末各适量。

 制作：

1. 将西红柿洗净切小丁，芦笋去老皮斜切段，木耳洗净撕小朵，竹笋去皮洗净切片。

2. 锅里添入适量清水烧开，加少许植物油、精盐，分别放入竹笋、芦笋、银杏仁、木耳焯水，捞出控水。

3. 炒锅注油烧热，下入葱末爆香，加入蚝油、竹笋、芦笋、银杏仁、木耳翻炒，添入少许高汤，撒入精盐、白糖，再放入西红柿略炒即可。

马蹄竹笋蔬菜丁

原料：鲜马蹄、嫩竹笋各
100 克，红彩椒、豌豆粒各 50
克，葱、精盐、白糖、番茄沙司、
生抽、植物油各适量。

 制作：

1. 将马蹄去皮洗净切丁，竹笋去皮洗净切丁，红彩椒去蒂、
籽洗净切丁，豌豆粒洗净，分别下入开水锅内焯一下，捞出控水；
葱切末。

2. 炒锅注油烧热，下入葱末爆香，加入红椒丁略炒，放入豌
豆粒、马蹄丁、竹笋丁翻炒片刻，烹入生抽，淋入番茄沙司，撒入
精盐，翻炒片刻即可。

雪菜腐皮笋丝

原料：豆腐皮、竹笋、腌雪
里红各 100 克，植物油、干辣椒、
味精、酱油各适量。

 制作：

1. 将腌雪里蕻加水稍泡，洗净切末；竹笋去皮洗净切丝，下
入开水锅内焯一下，捞出控水；豆腐皮切丝。

2. 炒锅注油烧热，下入干辣椒爆香，放入雪里蕻、豆腐皮、竹笋翻炒片刻，加入味精、酱油炒匀即可。

干锅包菜笋尖

原料：包菜 400 克，香菇 100 克，笋尖 200 克，青辣椒、红辣椒各 3 根、红油、老干妈香辣酱、白糖、干辣椒、花椒、精盐、味精、植物油各适量。

制作：

1. 将笋尖下入开水锅内煮几分钟，捞出洗净切成片；包菜洗净，撕小片，加入精盐拌匀稍腌；香菇切片，青、红辣椒洗净均切圈。

2. 炒锅注油烧至五成热，下入花椒、干辣椒炸香，加入笋片、香菇片、青红辣椒圈、红油炒至断生，放入包菜、精盐翻炒至包菜熟软，撒入白糖、味精，调入老干妈香辣酱略炒，倒入干锅里即可。

荠菜炒冬笋

原料：荠菜 250 克，冬笋 400 克，淀粉、精盐、味精、香油、植物油各适量。

制作：

1. 将冬笋去壳洗净切成片，下入开水锅内煮 10 分钟，捞出控水，汤留用。

2. 将荠菜择洗干净，下入开水锅内焯一下，捞出过凉，切成小段。

3. 炒锅注油烧热，下入冬笋片略炒，添入适量冬笋汤，加入精盐、味精大火烧开，放入荠菜段，用水淀粉勾芡，淋入香油即可。

荠菜竹笋干丝

原料：荠菜 400 克，豆腐干 50 克，竹笋 100 克，植物油、精盐、白糖、植物油、醋各适量。

 制作：

1. 将荠菜择洗干净，下入开水锅内焯一下，捞出切段；豆腐干洗净切成段，竹笋去皮洗净煮熟切成丝。

2. 炒锅注油烧至八成热，下入豆腐干丝、竹笋丝翻炒，加入荠菜段、醋、精盐、白糖炒匀即可。

春笋炒香芹

原料：熟春笋 300 克，香芹 100 克，植物油、精盐、鸡精、葱、姜各适量。

 制作：

1. 将春笋洗净切片，香芹择洗干净切段，葱、姜均切末。

2. 炒锅注油烧热，下入葱、姜爆香，放入香芹段炒变色，加入春笋翻炒片刻，撒入精盐、鸡精炒匀即可。

双椒炒笋干

原料：笋干100克，红椒、青椒各1个，姜、葱、蒜、精盐、鸡粉、蚝油、生抽、植物油各适量。

 制作：

1. 将笋干泡发，洗净切段，下入开水锅内焯一下；青、红椒去蒂及籽洗净切粗丝，姜、蒜切小片，葱切小段。

2. 炒锅注油烧热，下入姜、蒜爆香，放入笋干、青红椒略炒，加入精盐、蚝油、生抽、鸡粉翻炒片刻，撒入葱段即可。

海米笋丝韭菜花

原料：春笋300克，红尖椒1根，韭菜花100克，大蒜、鸡精、精盐、植物油、海米各适量。

 制作：

1. 将春笋洗净切丝，韭菜花洗净，红尖椒去蒂、籽切丝，海米洗净泡发，蒜剁成末。

2. 炒锅注油烧热，下入蒜末、海米爆香，放入红尖椒丝、笋丝翻炒，加入韭菜花、精盐、鸡精炒片刻即可。

鲜奶炒竹笋

原料：牛奶 250 克，鸡蛋清 100 克，笋尖、荸荠各 50 克，植物油、白砂糖、精盐、味精、葱白、淀粉各适量。

 制作：

1. 将笋尖、马蹄去皮洗净，均切成米粒状；蛋清打起泡，加入淀粉、牛奶继续打成牛奶糊，最后加入白糖、精盐、味精打匀；葱白切末。

2. 炒锅注油烧热，下入笋尖、马蹄、葱白末煸炒出香味，倒入牛奶糊，炒起泡后装盘即可。

蚝油四宝

原料：春笋、蚕豆各 100 克，香菇、火腿各 75 克，精盐、葱、植物、蚝油、白糖各适量。

制作：

1. 将蚕豆剥出洗净，下入开水锅内煮熟，捞出过凉沥水；春笋去皮洗净切成方丁，放入烧开的盐水锅内略煮，捞出过凉沥水；火腿切小丁，香菇去蒂洗净切丁，葱切末。

2. 炒锅注油烧热，下入葱末爆香，放入火腿、香菇翻炒片刻，加入蚕豆、春笋、蚝油略炒，撒入精盐、白糖炒匀即可。

马兰头炒春笋

原料：马兰头 150 克，250 克，杏鲍菇 100 克，植物油、酱油、精盐、淀粉各适量。

 制作：

1. 将马兰头择洗干净，去掉老根，下入开水焯片刻，捞出过凉，攥干水分切碎；春笋去壳洗净对半剖开，下入开水锅内，捞出过凉控水，拍松切条；杏鲍菇洗净切片。

2. 炒锅注油烧热，下入杏鲍菇片煸炒至软，放入春笋翻炒片刻，淋入少许酱油，加入马兰头稍炒，用水淀粉勾薄芡，撒入精盐即可。

酸菜炒笋片

原料：竹笋 400 克，酸菜 150 克，蒜末、植物油、高汤、精盐、鸡精各适量。

 制作：

1. 将竹笋去壳洗净切片，下入开水锅内焯片刻，捞出控水；酸菜切片。

2. 炒锅注油烧热，下入蒜末爆香，放入笋片翻炒，倒入少许高汤烧片刻，加入酸菜大火收汁，加入精盐、鸡精炒匀即可。

笋丁炒蛋

原料：春笋 250 克，鸡蛋 300 克，植物油、香油、精盐、葱各适量。

 制作：

1. 将鸡蛋磕入碗内打散，春笋洗净切小丁。

2. 炒锅注油烧热，下入笋丁炸片刻，捞出控油，与葱花一同放入蛋液内搅匀。

3. 炒锅注油烧热，倒入蛋液、笋丁翻炒均匀，撒入精盐、味精，淋入香油即可。

雪菜罗汉笋

原料：罗汉笋 300 克，腌雪菜 100 克，干辣椒、葱、蒜、精盐、味精、胡椒粉、香油、植物油各适量。

 制作：

1. 将罗汉笋洗净改刀成条，下入开水锅内炒熟，捞出控水；雪菜洗净切末，葱切段，蒜切片。

2. 炒锅注油烧热，下入葱、蒜、干辣椒爆香，加入雪菜煸炒片刻，放入罗汉笋，撒入精盐、味精、胡椒粉翻炒均匀，淋入香油即可。

香椿竹笋

原料：竹笋 250 克，香椿 50 克，精盐、味精、淀粉、植物油、香油、鲜汤各适量。

制作：

1. 将竹笋去壳洗净切成块，下入开水锅内焯熟，捞出控水；香椿择洗干净切成细末，加入精盐腌片刻，挤去水分。

2. 炒锅注油烧热，下入竹笋略炒，加入香椿末、精盐、鲜汤、味精大火收汁，用水淀粉勾芡，淋入香油即可。

清炒腌笋

原料：腌笋 300 克，青蒜叶、红辣椒、味精、白糖、蒜泥、植物油各适量。

 制作：

1. 将腌笋洗净切成片，青蒜叶洗净切小段，红辣椒切段。

2. 炒锅注油烧热，下入蒜泥爆香，放入腌笋、辣椒段、青蒜叶翻炒片刻，加入味精、白糖炒匀即可。

肉酱炒竹笋

原料：甜面酱100克，竹笋、猪肉各150克，去皮花生仁50克，豆腐香干3块，葱末、姜末、老干妈豆豉、料酒、淀粉、白糖、植物油各适量。

 制作：

1. 将竹笋洗净切丁，下入开水锅内焯一下，捞出沥水；猪肉洗净切小丁，加入葱、姜、料酒、淀粉拌匀；豆腐干切丁。

2. 炒锅注油烧热，下入花生仁炸至变色，捞出控油。

3. 炒锅留少许油烧至五成热，下入老干妈豆豉煸香，加入猪肉丁炒至变色，放入香腐干丁、竹笋丁略炒，再加入甜面酱、白糖翻炒，最后撒入花生仁炒匀即可。

冬笋肉丝尖椒

原料：冬笋250克，猪瘦肉200克，鲜辣椒1个，植物油、精盐、味精、葱、姜各适量。

 制作：

1. 将冬笋去皮、根洗净切丝，辣椒去蒂、籽洗净切丝，猪肉洗净切丝，葱、姜均切末。

2. 炒锅注油烧热，下入葱、姜爆香，加入肉丝炒变色，放入冬笋丝、辣椒丝翻炒片刻，撒入精盐、味精炒匀即可。

炒箭笋（1）

原料：箭笋 400 克，猪肉
100 克，蒜末、红辣椒末、豆腐
乳汁、酱油、香油、白糖、植物
油各适量。

 制作：

1. 将箭笋洗净切段，下入开水锅内氽烫，捞出控水；猪肉洗净切丝。

2. 炒锅注油烧热，下入蒜末、红辣椒末爆香，放入猪肉丝翻炒片刻，加入箭笋、豆腐乳汁、酱油、白糖、少许水烧至汤汁收干，淋入香油即可。

炒箭笋（2）

原料：箭笋 300 克，猪瘦肉
100 克，蒜、葱、辣椒、料酒、
酱油、黄豆酱、辣豆瓣酱、白糖、
植物油各适量。

 制作：

1. 将箭笋洗净切小段，下入开水锅内焯一下，捞出控水；猪肉洗净切丝，葱洗净切段，蒜切末，辣椒去籽、蒂洗净切丝。

2. 炒锅注油烧热，下入肉丝炒变色，放入箭笋、蒜末、料酒、酱油、黄豆酱、辣豆瓣酱、白糖、少许水翻炒，小火烧至汤干，撒入辣椒丝、葱段炒匀即可。

竹笋糖醋咕噜肉

原料：猪五花肉 500 克，鸡蛋液 1 个，鲜竹笋 150 克，辣椒、葱段、蒜末、精盐、味精、番茄酱、料酒、水淀粉、植物油各适量。

 制作：

1. 将猪肉切成小块，加入精盐、料酒拌匀腌入味，裹匀鸡蛋液、水淀粉，下入六成热油锅内炸至五成熟，捞出沥油；竹笋去外皮洗净切滚刀块。

2. 炒锅留少许油烧热，下入蒜末、辣椒爆出香味，加入葱段、番茄酱炒匀，放入猪肉块、笋块翻炒，撒入味精，用水淀粉勾芡即可。

枸杞菜煸竹笋

原料：枸杞菜、竹笋各 150 克，猪肉 100 克，精盐、白糖、料酒、淀粉、植物油各适量。

制作：

1. 将枸杞头去杂叶洗净，沥水；竹笋去壳洗净，下入淡盐水中煮熟，捞出切成细丝；猪肉洗净切成细丝，加入精盐、料酒、淀粉拌匀腌渍片刻。

2. 炒锅注油烧热，下入猪肉丝炒至变色，盛出。

3. 炒锅注油烧热，下入竹笋丝、枸杞头翻炒，加入精盐、白糖、猪肉丝炒匀即可。

竹笋木耳炒肉丝

> **原料：** 猪里脊肉 250 克，竹笋 150 克，木耳 50 克，鸡蛋清 1个，葱、蒜、姜、干辣椒、香油、精盐、料酒、味精、水淀粉、酱油、植物油各适量。

 制作：

1. 将猪里脊洗净切丝，加少许水、鸡蛋清、料酒、精盐、水淀粉拌匀；竹笋去皮洗净切丝，下入开水锅内焯一下，捞出控水；木耳用温水泡发，洗净切丝；葱切段，姜、蒜切末。

2. 炒锅注油烧至五成热，下入肉丝炒至变白，盛出沥油；酱油、水、精盐、水淀粉、味精调成料汁。

3. 炒锅注油烧热，下入姜、蒜、干辣椒爆香，加入竹笋、木耳略炒，放入肉丝、料汁翻炒片刻，淋入香油炒匀装盘，撒上葱段即可。

什 锦 肉 丝

原料：猪里脊肉 300 克，竹笋 150 克，香菇、黄瓜、胡萝卜各 50 克，酱油、味精、植物油、精盐、香菜、葱末、姜末各适量。

制作：

1. 将猪肉洗净切丝，竹笋去皮洗净切丝，香菇泡软洗净去蒂切丝，胡萝卜洗净去皮切丝，黄瓜洗净切丝，香菜择洗干净切末。

2. 炒锅注油烧热，下入葱、姜爆香，加入肉丝、香菇略炒，放入竹笋、香菇、黄瓜、胡萝卜、酱油、精盐、味精翻炒片刻，盛入盘内，撒上香菜即可。

鱼香冬笋肉丝

原料：猪里脊肉 400 克，冬笋、胡萝卜、水发木耳各 100 克，尖椒 50 克，红泡椒、葱末、蒜末、姜末、料酒、醋、蛋清、水淀粉、生抽、精盐、鸡精、胡椒粉、白糖、植物油各适量。

 制作：

1. 将木耳、尖椒、胡萝卜、冬笋均切成丝；猪里脊切成丝，加入料酒、胡椒粉、精盐、水淀粉、蛋清、少许油拌匀上浆。

2. 将醋（1大勺）、生抽（1大勺）、白糖（2勺）、水淀粉、精盐、鸡精、精盐、姜末、蒜末加少许水调成味汁备用。

3. 炒锅注油烧热，下入里脊丝滑至变色盛出。

4. 炒锅注油烧热，下入木耳、尖椒、胡萝卜、冬笋焯片刻，盛出备用。

5. 炒锅注油烧热，下入葱、姜、蒜爆香，加入红泡椒（2勺）炒出香味及红油，放入里脊丝、配菜翻炒，再调入味汁炒匀即可。

翡翠三丝

原料：竹笋、猪里脊肉、雪里蕻各150克，粉丝75克，鸡蛋清1个，植物油、精盐、胡椒粉、淀粉、精盐、高汤、胡椒粉各适量。

 制作：

1. 将雪里蕻洗净切段；粉丝用热水泡软切断，码入盘内。

2. 将猪里脊肉洗净切丝，加入少许清水搅拌片刻，再加入精盐、蛋清、淀粉搅拌均匀。

3. 炒锅注油烧热，下入肉丝迅速炒变色，加入雪里红、竹笋丝、精盐翻炒，添入适量高汤大火烧3分钟，撒入胡椒粉炒匀，盛在粉丝上即可。

肉丝酸菜炒笋丝

原料：春笋 250 克，酸菜 150 克，猪瘦肉 100 克，精盐、酱油、葱、姜、蒜、干辣椒、料酒、淀粉、白糖、鸡精、植物油各适量。

 制作：

1. 将猪肉洗净切丝，加入酱油、料酒、淀粉、精盐拌匀腌渍 20 分钟；竹笋去壳洗净切丝，下入开水锅内焯一下，捞出控水；酸菜洗净切丝，葱、姜、蒜均切末。

2. 炒锅注油烧至六成热，下入猪肉丝滑散，盛出备用。

3. 炒锅留少许油烧热，下入葱、姜、蒜、辣椒爆香，放入酸菜略炒，加入竹笋丝、猪肉丝翻炒片刻，撒入白糖、精盐、鸡精炒匀即可。

枸杞竹笋熘肉片

原料：猪里脊肉 250 克，竹笋 100 克，枸杞子、水发木耳各 50 克，豌豆 25 克，鸡蛋清 50 克，淀粉、精盐、植物油、葱、姜、蒜、香醋、料酒、味精、植物油各适量。

 制作：

1. 将 1/2 枸杞子加水煮 10 分钟，取汁备用；余下上锅蒸熟。

2. 将猪里脊肉洗净切片，加入蛋清、淀粉、精盐拌匀上浆，下入热油锅内滑熟，捞出控油。

3. 将木耳洗净撕小朵，竹笋洗净切片，葱、姜均切丝，蒜切片。

4. 炒锅注油烧热，放入木耳、竹笋、豌豆、葱、姜、蒜、香醋、料酒、精盐翻炒，加入熟枸杞子、猪里脊片、枸杞汁烧片刻，用水淀粉勾薄芡即可。

腊肉炒笋片

原料：腊肉 150 克，竹笋 250 克，青椒 1 个，葱末、精盐、料酒、植物油各适量。

 制作：

1. 将腊肉加热水浸泡 5 分钟，切片；竹笋去皮洗净切片，下入开水锅内焯片刻，捞出过凉控水；青椒去蒂、籽洗净切片。

2. 炒锅注油烧热，下入腊肉片小火煸炒至透明，加入葱末炒香，放入竹笋、青椒翻炒，撒入精盐，烹入料酒炒匀即可。

蒜苗腊肉炒笋干

原料：腊肉 100 克，蒜苗 250 克，笋干 300 克，精盐、鸡精、生抽、香油、辣椒粉、植物油各适量。

制作：

1. 将笋干泡发，撕城丝，下入开水锅内炒熟；腊肉切片，蒜片择洗干净切段。

2. 炒锅注油烧热，下入腊肉炒出油，加入蒜苗翻炒至变软，放入笋干丝、辣椒粉翻炒，撒入精盐、鸡精，烹入生抽，淋入香油炒匀即可。

咸干笋炒肉

原料：咸干笋 250 克，猪五花肉 100 克，植物油、酱油、葱、十三香、鸡精、味精各适量。

 制作：

1. 将咸干笋加入开水浸泡 15 分钟，捞出洗净，切段，下入开水锅焯熟；猪肉煮熟切片，葱切末。

2. 炒锅注油烧热，下入猪熟肉片煸炒出油，放入干笋、葱末翻炒，加入酱油、十三香、鸡精、味精炒匀即可。

酱肉炒春笋

原料：春笋 300 克，酱猪肉 150 克，胡萝卜 50 克，植物油、精盐、葱、蒜各适量。

制作：

1. 将春笋去壳洗净，下入开水锅内煮熟，捞出控水切片；胡萝卜洗净切薄片，酱肉切薄片，葱、蒜均切末。

2. 炒锅注油烧热，下入葱、蒜爆香，放入酱肉炒出香味，加入胡萝卜、竹笋翻炒片刻，撒入精盐即可。

毛豆竹笋炒咸肉

原料： 咸肉 100 克，毛豆粒、竹笋各 150 克，料酒、精盐、味精、白糖、淀粉、植物油各适量。

 制作：

1. 将毛豆粒下入开水锅内焯片刻，捞出控水；竹笋去壳洗净切片，下入开水焯熟，捞出控水；咸肉切薄片。

2. 炒锅注油烧热，下入毛豆粒、竹笋、咸肉翻炒片刻，加入料酒、精盐、白糖、味精炒匀，用水淀粉勾芡，淋入香油即可。

火腿笋丝炒豆苗

原料： 豌豆苗 250 克，冬笋 200 克，火腿肠 50 克，植物油、葱、精盐、料酒、味精各适量。

 制作：

1. 将豌豆苗择洗干净切成段，葱洗净切成末，火腿切细丝；

冬笋切成丝，下入开水锅内焯一下，捞出控水。

2. 炒锅注油烧热，下入葱末爆香，放入火腿丝、笋丝翻炒，放入豌豆苗略炒，烹入料酒，撒入精盐、味精炒匀即可。

酱 汁 五 丁

原料：鲜香菇、竹笋、芹菜、罐头玉米粒、火腿各100克，烤肉酱、生抽、淀粉、精盐、胡椒粉、植物油各适量。

 制作：

1. 将香菇、竹笋、芹菜分别洗净，均切丁；火腿切丁，烤肉酱加入生抽、精盐、胡椒粉、淀粉搅匀成酱汁。

2. 炒锅注油烧热，下入火腿丁过油，盛出。

3. 炒锅注油烧热，下入竹笋、香菇略炒，加入芹菜炒片刻，再加入玉米粒、火腿丁、酱汁翻炒至汤汁收干即可。

家 常 酱 竹 笋

原料：去皮花生仁100克，香干3块，竹笋150克，猪肉150克，葱、姜、甜面酱、老干妈豆豉、料酒、白糖、植物油各适量。

制作：

1. 将猪肉洗净切丁，加入淀粉、料酒拌匀；葱、姜切末，香干切丁；竹笋洗净切丁，下入开水锅内煮 5 分钟，捞出沥水。

2. 炒锅注油烧至六成热，下入去皮花生仁，小火炸熟，捞出滤油。

3. 炒锅留底油烧热，下入老干妈豆豉煸炒出香味，加入猪肉丁炒至颜色变白，放入香干丁、竹笋丁、甜面酱、白糖一起翻炒几分钟，最后放入熟花生仁炒匀即可。

鲜笋炒腊肉

原料：鲜竹笋 400 克，腊肉 100 克，香葱末、精盐、白糖各适量。

 制作：

1. 将竹笋剥去外皮洗净，切成薄片，下入开水中锅内焯一下，捞出沥水；腊肉切薄片，下入热油锅内小火炒出香味盛出。

2. 炒锅注油烧热，放入笋片略炒，加入腊肉、精盐、少许白糖炒匀，撒上香葱末即可。

笋片炒豆腐

原料：豆腐 500 克，猪瘦肉 300 克，竹笋、干香菇、胡萝卜、葱段、葱末、姜片、红辣椒、精盐、胡椒粉、白酒、酱油、淀粉、香油、植物油各适量。

制作：

1. 将豆腐切成三角型厚片，撒上少许精盐腌渍 10 分钟，用纸巾铺到豆腐上吸干水份；香菇泡发洗净切两半，泡香菇水留用；竹笋、胡萝卜洗净均切片。

2. 将猪瘦肉洗净切薄片，加入胡椒粉、白酒、酱油、淀粉拌匀腌渍片刻。

3. 炒锅注油烧热，下入豆腐块小火慢炸至表皮变硬至黄色，捞出控油。

4. 炒锅注油烧热，下入肉片炒至十熟，加入葱段、姜片、红辣椒炒香，淋入酱油、白酒，撒入白糖，再放入炸豆腐，滴入少许醋，最后放入竹笋、胡萝卜，盖盖儿煨 5 分钟，勾薄欠，再淋入香油、撒入葱末即可。

酸笋炒猪肝

原料：酸笋 300 克，猪肝 250 克，干辣椒、姜、蒜、蚝油、精盐、植物油各适量。

 制作：

1. 将酸笋洗净切成丝，下入热油锅内炒去水分。

2. 将猪肝洗净切薄片，姜切片，蒜拍松。

3. 炒锅注油烧热，下入姜、蒜、干辣椒爆香，放入猪肝翻炒，加入酸笋丝翻炒片刻，淋入蚝油，撒入精盐炒匀即可。

笋爆肚尖

原料：猪肚尖 250 克，竹笋 150 克，鸡蛋 1 个，水发香菇、鲜红椒、精盐、味精、料酒、香油、葱、姜、蒜、上汤、淀粉、植物油各适量。

 制作：

1. 将猪肚尖剥下肚尖头，剔去两面油、筋洗净，在内面划十字花刀，切成斜方块；竹笋去外皮洗净切块，红椒洗净去蒂带籽切块，香菇洗净去蒂切成块，姜切片，葱切段，蒜切末。

2. 将上汤、味精、精盐、香油、淀粉、葱段调成味汁；肚尖片加入精盐、味精、蛋清、淀粉拌匀。

3. 炒锅注油烧热，下入肚尖片炒至卷起，盛出沥油。

4. 炒锅注油烧热，下入竹笋、姜片、红椒、蒜末、香菇翻炒片刻，加入味汁大火烧开，改小火烧至汤汁黏稠，放入肚尖炒匀即可。

双笋豆豉炒猪心

原料：猪心 1 个，竹笋、莴笋各 300 克，黑木耳、豆豉、青尖椒、红尖椒、姜丝、料酒、生抽、精盐、鸡精各适量。

制作：

1. 将猪心清洗干净，剖开，放入清水浸泡 3 个小时，控水切片，下入开水锅内汆一下，捞出备用。

2. 将莴笋切菱形片，竹笋切片，青红尖椒切末，黑木耳泡发洗净撕小朵。

3. 炒锅注油烧热，下入青红尖椒、姜丝爆香，放入豆豉炒香，再放入猪心、竹笋、莴笋翻炒，最后放入木耳、料酒、生抽、精盐、鸡炒匀即可。

冬笋炒腰花

> **原料：** 猪腰子 300 克，冬笋 150 克，鲜香菇 50 克，红辣椒 1 个，植物油、精盐、酱油、料酒、高汤、水淀粉、香油、胡椒粉、味精、葱、姜各适量。

 制作：

1. 将猪腰撕去筋膜，片成两半，除去腰臊洗净，斜刀剞上十字花刀，再切段，加精盐、水淀粉拌匀；冬笋去外皮、根洗净切条，香菇洗净去蒂切条，红椒均去蒂、籽洗净切条，葱切段，姜切片；酱油、高汤、味精、水淀粉调成芡汁。

2. 炒锅注油烧至七成热，下入腰花炸熟，捞出控油。

3. 炒锅留少许油烧热，下入红辣椒、冬笋、香菇、葱段、姜片翻炒片刻，倒入芡汁烧开，放入腰花炒匀，撒入胡椒粉，淋入香油略炒即可。

酸笋姜丝大肠

原料：酸笋 300 克，大肠 500 克，姜、辣椒、淀粉、植物油、精盐、白糖、鸡精、米酒、香油各适量。

 制作：

1. 将大肠加精盐搓洗干净切段，辣椒切丝，姜切片，酸笋切丝。

2. 炒锅注油烧热，下入姜丝、辣椒丝爆香，加入酸笋丝略炒，放入大肠、米酒翻炒至熟，撒入精盐、鸡精、白糖炒匀，用水淀粉勾薄芡，淋入香油即可。

冬笋炒猪舌

原料：熟冬笋 300 克，猪舌 250 克，青椒、料酒、精盐、白糖、味精、淀粉、植物油各适量。

 制作：

1. 将冬笋洗净切成薄片，下入开水锅内焯一下，拉扯控水；猪舌去杂质洗净，切成片；青椒洗净去蒂、籽切片。

2. 炒锅注油烧热，下入猪舌翻炒，烹入料酒，放入笋片、青椒片略炒，加入精盐、味精炒匀，用湿淀粉勾芡即可。

竹笋炒牛肉

原料：竹笋 100 克，牛肉 150 克，红泡椒、姜、精盐、酱油、料酒、淀粉、植物油各适量。

 制作：

1. 将竹笋洗净切薄片，下入开水锅内炒熟，捞出控水；牛肉洗净切薄片，加入精盐、酱油、料酒、淀粉拌匀；姜切末。

2. 炒锅注油烧热，下入红泡椒、姜末炒香，放入牛肉片炒至断生，加入竹笋略炒，撒入少许精盐即可。

蚝油笋尖牛柳

原料：嫩牛肉 150 克，嫩笋尖 150 克，香菇 100 克，鸡蛋 1 个，老姜、蚝油、葱、酱油、料酒、白糖、淀粉、精盐、植物油各适量。

 制作：

1. 将笋尖下入开水锅内略煮，捞出过凉切片；牛肉洗净切片，加入淀粉、鸡蛋、精盐、料酒拌匀腌渍入味；老姜切末，葱切末，香菇切片，蚝油、酱油、白糖、精盐、淀粉调成芡汁。

2. 炒锅注油烧至六成热，下入牛肉片滑散，捞出控油。

3. 炒锅留底油，下入葱、姜爆出香味，加入笋片、香菇片略炒，放入牛肉翻炒，最后调入芡汁炒匀即可。

傣味酸笋炒牛肉

原料：酸笋 150 克，牛瘦肉 200 克，泡辣椒 2 根，干辣椒 2 根，青椒 1 个，香油、料酒、淀粉、精盐、生抽、白糖、植物油、蒜各适量。

 制作：

1. 将酸笋洗净切成丝细，青椒洗净去蒂、籽切成菱形块，干辣椒、泡椒分别切成小圈，蒜切末。

2. 将牛瘦肉切成小片，加入香油、淀粉、料酒、精盐拌匀，腌渍 30 分钟。

3. 炒锅注油烧至五成热，下入牛肉片迅速翻炒至变色，盛出备用。

4. 炒锅留底油烧热，下入蒜末、泡辣椒、干辣椒炒香，放入酸笋、青椒翻炒片刻，加入牛肉略炒，烹入生抽，撒入白糖炒匀即可。

笋片炒牛肚

原料：牛肚 500 克，鲜竹笋 400 克，葱、姜、蒜、植物油、姜汁、料酒、水淀粉、胡椒、香油、精盐各适量。

制作：

1. 将牛肚洗净切成薄片，下入开水锅内焯至六成熟；竹笋去皮洗净切片，葱洗净切段，姜洗净切片，蒜去皮洗净拍碎。

2. 炒锅注油烧热，下入葱段、姜片爆香，加入笋片炒熟，烹入姜汁、料酒，用水淀粉勾芡，放入牛肚，加入精盐、胡椒粉、香油翻炒片刻即可。

冬笋羊肉丝

原料：羊瘦肉 300 克，冬笋 150 克，红辣椒 1 个，青蒜 25 克，料酒、酱油、甜面酱、味精、精盐、水淀粉、高汤、香油、植物油各适量。

 制作：

1. 将羊肉洗净，剔去筋膜，切成丝，加入料酒、甜面酱、精盐、水淀粉拌匀上浆；冬笋去皮、根洗净切成丝，红辣椒去蒂、籽洗净切丝，青蒜择洗干净切段。

2. 炒锅注油烧至五成热，下入羊肉丝滑散，捞出控油。

3. 炒锅留少许油烧热，下入红辣椒丝、精盐略炒，倒入适量高汤，大火烧开，放入羊肉丝、青蒜丝，加入酱油、味精翻炒入味，用水淀粉勾芡，淋入香油即可。

羊肉片扒鲜笋

原料：羊瘦肉 300 克，鲜竹笋 400 克，姜片、葱段、蒜末、淀粉、姜汁、黄酒、精盐、香油、胡椒粉、植物油各适量。

制作：

1. 将羊肉洗净切片，加姜汁、淀粉拌匀；鲜竹笋去皮洗净切片，下入烧开的盐水锅内焯一下，捞起沥水；胡椒粉、香油、淀粉调匀成芡汁。

2. 炒锅注油烧热，下入羊肉片过油，捞起控油。

3. 锅内留少许油烧热，下入笋片，加入精盐炒熟，盛入盘内。

4. 炒锅注油烧热，下入姜片、蒜末爆香，放入羊肉片、葱段，烹入黄酒翻炒均匀，调入芡汁炒匀，盛在笋片上即可。

冬笋炒鸡片

原料：鸡胸肉 200 克，冬笋 150 克，鸡蛋清 1 个，黄酒、白糖、鸡精、姜、葱、精盐、味精、淀粉、植物油各适量。

制作：

1. 将鸡胸肉洗净，成薄片，加入精盐、蛋清、味精、淀粉、少许水拌匀上浆；姜切丝，葱切段。

2. 将冬笋去皮、根洗净，切成薄片，下入四成热油锅内滑散，捞出沥油。

3. 炒锅留少许油烧热，下入姜丝、葱段、笋片翻炒片刻，烹入料酒，加入白糖、鸡精、精盐，放入鸡片炒匀即可。

苋菜竹笋炒鸡丝

原料： 苋菜、竹笋各100克，鸡胸肉250克，黄豆芽、红椒、精盐、葱、姜、蒜、叉烧酱、植物油各适量。

 制作：

1. 将苋菜择洗干净切段，下入开水锅内焯一下，捞出控水；竹笋去皮洗净切丝，下入开水锅内焯一下，捞出控水；黄豆芽下入开水锅内焯熟，捞出控水；鸡胸肉切丝，红椒去蒂、籽洗净切丝，葱、姜、蒜均切末。

2. 炒锅注油烧热，下入葱、姜、蒜爆香，放入鸡胸肉滑熟，加入少许叉烧酱炒香，再放入苋菜、竹笋丝、黄豆芽、红椒丝、精盐翻炒均匀即可。

竹笋芋头炒鸡丝

原料：鸡胸肉 300 克，嫩竹笋、芋头各 150 克，青椒 1 个，鸡蛋清 2 个，生菜、淀粉、面粉、鸡汤、料酒、精盐、味精、植物油、香油、鸡油各适量。

 制作：

1. 将鸡胸肉切成粗丝，竹笋、芋头分别去皮洗净切粗丝，青椒洗净去蒂均切细丝，生菜择洗干净撕小块。

2. 将 50 克鸡蛋清、精盐、淀粉调匀后，放入鸡丝拌匀上浆，再加入少许香油拌匀；芋头丝加入余下鸡蛋清、精盐、淀粉、少许面粉搅拌均匀。

3. 炒锅注油烧至六成热，下入芋头丝小火炸熟，捞出控油装盘。

4. 炒锅留少许热油，下入鸡丝滑散，加入竹笋丝、青椒丝略炒，撒入精盐、味精，烹入鸡汤烧开，用水淀粉勾芡，淋入鸡油，盛在芋头丝上，周围装饰生菜叶即可。

柠香竹笋鸡肉

原料：鸡胸肉 250 克，竹笋 100 克，甜玉米粒、甜豌豆粒、胡萝卜丁、花生仁各 50 克，精盐、柠檬汁、淀粉、料酒、生抽、植物油各适量。

制作：

1. 将鸡胸肉洗净切丁，加入精盐、淀粉、料酒拌匀腌渍 10 分钟；竹笋去皮洗净切丁，花生仁炸熟。

2. 炒锅注油烧至五成热，下入鸡丁炒变色，盛出。

3. 炒锅注油烧热，下入胡萝卜丁、竹笋丁、豌豆粒、甜玉米粒翻炒片刻，加入鸡丁、生抽、精盐略炒，最后放入花生仁，淋入柠檬汁炒匀即可。

宫 爆 笋 丁

原料：熟冬笋 300 克，鸡胸脯肉 150 克，腰果 75 克，酱油、精盐、白糖、红辣椒、味精、姜末、蒜末、淀粉、植物油各适量。

 制作：

1. 将冬笋、鸡肉均切丁，鸡肉加入淀粉、精盐拌匀；红辣椒切丁。

2. 炒锅注油烧至三成热，下入腰果炸至略变色，捞出控油；再分别下入鸡丁、笋丁滑变色，捞出控油。

3. 炒锅留少许油烧热，下入蒜末爆香，放入笋丁、红辣椒丁，加入酱油略炒，再放入鸡丁、腰果、白糖翻炒片刻，撒入精盐、味精，用湿淀粉勾薄欠即可。

竹笋煸鸡丝

原料： 鸡胸脯肉 250 克，竹笋 150 克，干辣椒、料酒、精盐、酱油、味精、葱、植物油各适量。

 制作：

1. 将鸡胸脯肉洗净切丝，竹笋洗净切丝，葱、干辣椒分别切丝。

2. 炒锅注油烧热，下入干辣椒丝炸香，放入鸡肉丝略炒，加入料酒、精盐、酱油、笋丝翻炒片刻，撒入味精、葱丝炒匀即可。

甜辣鸡笋丁

原料： 鸡胸肉 300 克，嫩笋尖 200 克，红椒、葱头各 50 克，葱、姜、精盐、鸡精、生抽、料酒、淀粉、泰式甜辣酱、番茄沙司、白酱油、植物油各适量。

 制作：

1. 将鸡胸肉洗净切小丁，加入精盐、鸡精、生抽、料酒、淀粉、少许油拌匀；葱切末，姜切丝，红椒去蒂、籽洗净切丁，葱头切小丁，笋尖切小丁。

2. 炒锅注油烧热，下入葱、姜爆香，放入鸡丁翻炒片刻，盛出备用。

3. 炒锅注油烧热，下入泰式甜辣酱、番茄沙司、红椒丁、葱头丁、笋尖丁翻炒出香味，再放入鸡丁，淋入白酱油，烹入适量高汤，大火收汁即可。

五彩鸡丝（1）

原料：鸡胸肉 300 克，竹笋 200 克，青椒、红椒、香菇、料酒、精盐、味精（鸡粉）、葱、姜、水淀粉、植物油各适量。

 制作：

1. 将鸡胸肉、竹笋、青红椒、香菇、葱、姜分别切丝。

2. 将鸡肉丝加入精盐、料酒、水淀粉拌匀上浆；料酒、精盐、味精（鸡粉）、水淀粉、少许水调成芡汁备用。

3. 炒锅注油烧热，下入鸡肉丝炒熟，盛出。

4. 炒锅留底油，下入葱、姜炒香，放入竹笋丝、香菇丝翻炒片刻，再放入青红椒丝、鸡肉丝略炒，加入芡汁炒匀，淋入明油即可。

五彩笋丝（2）

原料：黄瓜、胡萝卜、水发黑木耳、竹笋、鸡胸肉各 100 克，姜丝、精盐、料酒、植物油各适量。

制作：

1. 将黄瓜、胡萝卜分别洗净切片，鸡胸肉切薄片，黑木耳洗净撕小朵；竹笋去皮洗净切片，下入开水锅内焯一下，捞出控水。

2. 炒锅注油烧热，下入胡萝卜片炒熟盛出。

3. 炒锅注油烧热，下入姜丝爆香，放入鸡片，加入略炒，再放入黄瓜片、胡萝卜片、黑木耳、竹笋片翻炒，撒入精盐炒匀即可。

双椒笋丁脆鸡胗

原料： 鸡胗 250 克，竹笋 150 克，蒜苗 50 克，剁椒、泡椒、姜末、精盐、胡椒粉、鸡精、料酒、香油、植物油各适量。

 制作：

1. 将鸡胗洗净切丝，下入开水锅内焯水，捞出过凉；竹笋去皮洗净切丁，蒜苗择洗干净切末。

2. 炒锅注油烧至七成热，下入剁椒、泡椒、姜末炒香，放入鸡胗、竹笋丁、料酒、生抽、胡椒粉、精盐翻炒，撒入蒜苗末、鸡精炒匀，淋入香油即可。

香辣竹笋鸡胗

原料：鸡胗 250 克，嫩竹笋 500 克，葱头半个，鲜红辣椒 5 根，鲜青辣椒 2 根，芹菜、葱、姜、红油香辣酱、生抽、料酒、鸡精、物油各适量。

 制作：

1. 将葱切末，姜切丝，青、红辣椒洗净切成小段，鸡胗洗净打花刀切小块，葱头切小块，芹菜择洗干净切丁，竹笋洗净切丁。

2. 将芹菜、鸡胗分别焯水沥干备用。

3. 炒锅注油烧热，下入红油香辣酱、葱、姜炒香，加入鸡胗略炒，烹入料酒，淋入生抽，放入葱头、青红辣椒、竹笋、芹菜翻炒片刻，撒入鸡精即可。

酸笋炒鸡胗

原料：酸笋 200 克，鸡胗 150 克，朝天椒 2 个，蒜片、姜片、米酒、蚝油、生抽、白糖、植物油各适量。

 制作：

1. 将鸡胗去杂质洗净，划上花刀；朝天椒洗净去蒂切碎，蒜切片。

2. 将酸笋切成片，加入清水浸泡一下，反复清洗挤干，下入热锅内，小火煸干水分，盛出。

3. 炒锅注油烧热，下入姜片、蒜片、朝天椒煸出香味，放入鸡胗炒至变色，加入酸笋、米酒、生抽、蚝油、白糖，翻炒至鸡胗熟透即可。

什锦鸭丝

原料：鸭胸肉、竹笋各250克，青椒、水发香菇、胡萝卜各100克，姜丝、鸡粉、精盐、香油、淀粉、料酒、植物油各适量。

 制作：

1. 将鸭胸肉洗净切丝，加入料酒、淀粉拌匀，腌渍15分钟；胡萝卜洗净切丝，香菇去蒂洗净切丝，青椒去蒂、籽洗净切丝；竹笋去皮洗净切丝，下入开水锅内焯一下，捞出控水；。

2. 炒锅注油烧至五成热，下入鸭肉滑散，盛出。

3. 炒锅注油烧热，下入姜丝爆香，加入香菇、胡萝卜翻炒片刻，放入竹笋、鸭肉略炒，撒入鸡粉、精盐，淋入香油，用水淀粉勾芡即可。

竹笋炒鸭片

原料：鸭肉、竹笋各250克，葱、蒜、姜、淀粉、精盐、味精、植物油、料酒、胡椒粉、香油各适量。

制作：

1. 将竹笋洗净切薄片，下入开水锅内焯一下，捞出控水；鸭肉切片，加水淀粉克拌匀；葱、蒜、姜均切末。

2. 炒锅注油烧至四成热，下入鸭片滑熟，捞出控油。

3. 锅内留底油烧热，下入葱、蒜、姜爆香，放入鸭肉片、竹笋、料酒、精盐、味精翻炒，用湿淀粉勾芡，淋入香油即可。

烤鸭炒竹笋

原料：烤鸭肉 300 克，竹笋 200 克，葱、姜、植物油、精盐、味精、料酒各适量。

 制作：

1. 将竹笋去壳洗净切细丝，烤鸭肉切细丝，葱切长丝，姜切末。

2. 炒锅注油烧至八成热，下入葱爆香，放入竹笋丝煸炒片刻，加入烤鸭丝、精盐、味精、料酒、姜末炒匀即可。

葱香笋丝炒鸭蛋

原料：竹笋 300 克，鸭蛋 2 个，精盐、葱、植物油各适量。

 制作：

1. 将竹笋去壳，下入开水锅内煮熟，捞出洗净切丝；鸭蛋磕入碗内，加少许精盐打散；葱切末。

2. 炒锅注油烧热，下入少许葱末爆香，放入笋丝略炒，淋入蛋液翻炒片刻，撒入葱末、精盐炒匀即可。

竹笋炒田鸡

原料：田鸡腿 250 克，竹笋 200 克，葱、姜、蒜、植物油、料酒、精盐、味精、淀粉、香油、胡椒粉、高汤各适量。

 制作：

1. 将田鸡腿洗净，葱切段，姜切片，蒜切末；竹笋洗净切片，下入开水锅内焯一下，捞出控水。

2. 炒锅注油烧至四成热，下入田鸡腿滑熟，捞出控油。

3. 锅内留底油烧热，下入葱段、姜片、蒜末爆香，放入竹笋片、田鸡腿，烹入绍酒、少许高汤略烧，加入精盐、味精，用水淀粉勾芡，淋入香油，撒入胡椒粉即可。

鲜笋鹌鹑

原料：净鹌鹑 4 只，鲜笋 150 克，鲜蘑菇 50 克，鸡蛋 1 个，料酒、蒜末、葱段、姜丝、酱油、蚝油、香油、味精、白糖、精盐、植物油、淀粉、高汤各适量。

制作：

1. 将鹌鹑骨拆去，捶松，切成块，加入精盐、鸡蛋液拌匀，拍匀淀粉；鲜笋去皮洗净切片，下入开水锅内焯一下，捞出控水；香菇洗净切片。

2. 将鹌鹑块下入热油锅内炸片刻，捞出控油；鲜笋片下入热油锅内炸至金黄色，捞出控油。

3. 锅内留少许热油，下入蒜末、姜丝爆香，放入香菇片、鲜笋片，烹入料酒，加入高汤、味精、精盐、白糖、酱油、蚝油、胡椒粉烧开，再放入鹌鹑块炒匀，用水淀粉勾芡，淋入香油即可。

冬笋鹿肉丝

原料： 鹿肉 200 克，冬笋 150 克，鸡蛋清 1 个，精盐、味精、料酒、水淀粉、植物油、香油各适量。

 制作：

1. 将鹿肉洗净切成细丝，加入蛋清、水淀粉拌匀上浆；冬笋去皮洗净切成细丝，下入开水锅内焯断生，捞出控水。

2. 炒锅注油烧至五成热，下入鹿肉丝滑至八成熟，捞出控油。

3. 炒锅留少许油烧至七成热，下入笋丝略炒，加入鹿肉丝、料酒略焖片刻，撒入精盐、味精，淋入香油炒匀即可。

笋菇炒兔肉

原料：嫩兔肉350克，竹笋150克，水发香菇50克，蛋清1个，蚝油、味精、精盐、酱油、料酒、姜、葱、白糖、淀粉、香油、苏打粉、高汤、胡椒粉、植物油各适量。

制作：

1. 将兔肉去筋膜、油脂，切成薄片，加入蛋清、苏打粉、味精、精盐、酱油、淀粉、香油拌匀；葱切末，姜切片。

2. 将香菇去蒂，洗净切块；高汤、味精、精盐、白糖、酱油、香油、胡椒粉、淀粉调匀成芡汤。

3. 炒锅注油烧至六成热，分别下入兔肉片、竹笋片滑熟，盛出沥油。

4. 炒锅留底油烧热，下入姜、葱爆香，放入香菇略炒，放入兔肉片、竹笋片，烹入料酒、芡汤翻匀即可。

冬笋炒腊狗肉

原料：腊狗肉300克，冬笋250克，红辣椒、蒜、料酒、精盐、味精、高汤、香油、植物油各适量。

 制作：

1. 将腊狗肉上锅蒸熟，切片；冬笋洗净切片，下入开水锅内焯一下，捞出控水；小辣椒切碎，蒜切末。

2.炒锅注油烧热，下入蒜末爆香，放入冬笋、腊狗肉略炒，烹入料酒，加入红辣椒、精盐、少许高汤，大火收汁，淋入香油即可。

竹笋炒鱼片

原料：净罗非鱼1条，竹笋500克，辣椒、莴笋、胡萝卜、姜、蒜、精盐、淀粉、生抽、鸡精各适量。

制作：

1.将罗非鱼洗净取净肉切片，加淀粉拌匀，下入热油锅内滑散，盛出备用；竹笋切片，下入开水锅内汆一下；莴笋、胡萝卜、辣椒均切片。

2.炒锅注油烧热，下入姜、蒜爆香，放入莴笋、辣椒、胡萝卜、竹笋翻炒片刻，再下入鱼片略炒，淋入生抽，撒入精盐、鸡精即可。

春笋熘鱼片

原料：鲜青鱼中段350克，竹笋100克，水发香菇50克，蛋清1只，植物油、黄酒、精盐、味精、淀粉各适量。

制作：

1. 将青鱼沿脊骨剖开，去骨刺及鱼皮，先切段，再斜切成薄片，加入精盐、味精、蛋清、淀粉拌匀上浆，放入冰箱冷藏约30分钟；竹笋洗净切薄片，水发香菇洗净去蒂切成薄片。

2. 炒锅注油烧至三成热，下入鱼片炸熟，捞出控油。

3. 炒锅留少许油烧热，放入竹笋、香菇翻炒片刻，加入鱼片、黄酒少许水烧开，用水淀粉勾芡，撒入精盐、味精即可。

春 笋 鱼 诀

原料：鲜鱼400克，鲜竹笋150克，白糖、酱油、胡椒粉、葱段、水淀粉、精盐、植物油、料酒、味精、香油各适量。

 制作：

1. 将鲜鱼宰杀，去杂质洗净，斩成块，加入精盐、水淀粉上浆；竹笋去皮洗净，切成滚刀块；酱油、白糖、料酒、味精、水淀粉加少许水调成芡汁。

2. 炒锅注油烧至八成热，下入笋块略炸，捞出控油；鱼块下入热油锅内滑散，捞出控油。

3. 炒锅留少许热油，下入葱段爆香，下入鱼块、笋块略炒，倒入芡汁炒匀，淋入香油，撒入胡椒粉即可。

三 鲜 春 笋

原料：春笋 400 克，鱿鱼、虾仁、蟹柳各 50 克，葱花、蒜末、精盐、味精、鸡粉、水淀粉、植物油各适量。

 制作：

1. 将鱿鱼切花刀片，同虾仁一同焯水；春笋、蟹柳均切菱形片。

2. 炒锅注油烧热，下入葱花、蒜末爆香，加入春笋、鱿鱼、虾仁、蟹柳翻炒略炒，撒入精盐、味精、鸡粉炒匀，用水淀粉勾芡即可。

笋 爆 鱿 鱼 卷

原料：净鱿鱼 500 克，竹笋片 150 克，黄瓜片 50 克，料酒、醋、精盐、味精、葱花、蒜片、水淀粉、植物油、花椒油各适量。

 制作：

1. 将鱿鱼在里面打上麦穗花刀切片，与竹笋分别下入开水内焯一下，捞出控水；料酒、醋、精盐、味精、葱、蒜、水淀粉、黄瓜片调匀成味汁。

2. 炒锅注油烧至七成熟，下入鱿鱼炒片刻，盛出。

3. 炒锅注油烧热，放入鱿鱼、竹笋片、调味汁翻炒，淋入花椒油炒匀即可。

酱爆竹笋鱿鱼圈

原料： 鱿鱼圈、竹笋各500克，青、红椒各1个，黑木耳、葱段、姜片、蒜末、植物油、料酒、豆瓣辣酱、白糖、生抽、鸡精、胡椒粉、水淀粉各适量。

制作：

1. 将鱿鱼圈去黑膜洗净，下入开水锅内，加入葱、姜、料酒煮2分钟，捞出控水。

2. 将黑木耳泡发，洗净撕小块；竹笋洗净切片，青、红椒去蒂及籽切末。

3. 炒锅注油烧热，下入葱、姜、蒜爆香，加入豆瓣辣酱炒香，放入笋片、木耳翻炒片刻，再加入鱿鱼、生抽、白糖、料酒翻炒，最后撒入青、红椒末、精盐、鸡精炒匀，用水淀粉勾芡即可。

竹笋雪衣鱿鱼

原料： 鲜鱿鱼500克，竹笋、口蘑、豌豆苗各50克，火腿肠25克，鸡蛋4个，葱、姜、蒜、精盐、胡椒粉、味精、料酒、植物油、淀粉、鲜汤各适量。

制作：

1. 将鱿鱼去杂质洗净，切成片，下入开水锅内焯一下；鸡蛋取蛋清打出泡，加入少许淀粉调成蛋泡糊；火腿、竹笋均切成骨牌片，姜、蒜切片，葱切段，口蘑切片。

2. 将鱿鱼片擦干水分，裹上蛋泡糊，下入四成热油锅内，炸成形捞出控油。

3. 炒锅注油烧至五成热，下入葱、姜、蒜爆香，放入火腿、竹笋、口蘑片、豌豆苗略炒，加入鲜汤、精盐、胡椒粉、料酒、味精烧开，在放入雪衣鱿鱼，用水淀粉勾芡，大火收汁即可。

竹笋炒胗肝鱿鱼

> **原料：** 竹笋 150 克，鲜鱿鱼、鸡肝、鸡胗各 30 克，葱、姜、蒜、植物油、黄酒、水淀粉、胡椒粉、精盐、高汤各适量。

 制作：

1. 将鸡胗、鸡肝分别洗净，下入开水锅内焯一下；鱿鱼洗净切片，竹笋洗净切片，葱切段，姜切片，蒜切末。

2. 炒锅注油烧热，下入鸡胗、鸡肝、鱿鱼滑，盛出控油。

3. 炒锅注油烧热，下入笋片、姜片、葱段、蒜末、鸡胗、鸡肝、鱿鱼片翻炒，烹入黄酒，倒入少许高汤烧开，撒入胡椒粉、精盐，用水淀粉勾芡，淋少许明油即可。

竹笋炒墨鱼卷

原料：净墨鱼 300 克，冬笋 150 克，青椒、胡萝卜、精盐、味精、蒜、葱白、植物油、清汤、水淀粉、胡椒粉各适量。

 制作：

1. 将墨鱼剞十字花刀，切长条；竹笋、胡萝卜分别切片，青椒去蒂、籽洗净切菱形块，葱白切段，蒜切末。

2. 炒锅注油烧至七成热，下入墨鱼略炒，盛出。

3. 炒锅注油烧热，下入蒜末、葱白爆香，放入竹笋、青椒、胡萝卜翻翻炒，加入清汤、精盐、味精、胡椒粉，大火烧开，用水淀粉勾薄芡，最后放入墨鱼卷炒匀即可。

竹笋墨鱼炒肉丝

原料：竹笋、墨鱼各 200 克，猪瘦肉 50 克，葱、姜、料酒、酱油、精盐、白糖、味精、淀粉、鲜汤、植物油各适量。

 制作：

1. 将墨鱼去杂质洗净，顺长剞直刀花纹，再横切成丝，下入开水锅内氽一下，捞出控水；猪肉、竹笋分别切成丝，葱切段，姜切片。

2. 炒锅注油烧至八成热，下入葱段、姜片，爆出香味，放入墨鱼丝煸炒，再放入猪肉、竹笋翻炒，烹入黄酒，加入酱油、白糖、味精、鲜汤烧开，拣去葱、姜，用水淀粉勾芡即可。

竹笋炒鳝丝

原料：净鳝鱼肉 300 克，竹笋丝 150 克，韭菜 50 克，姜丝、葱段、料酒、酱油、精盐、清汤、植物油、香油各适量。

 制作：

1. 将鳝鱼肉切细丝，下入开水锅内焯一下，捞出控水；韭菜择洗干净切段。

2. 炒锅注油烧热，下入姜丝、葱段爆香，加入鳝鱼丝、料酒、酱油炒匀，盖盖稍焖片刻，放入竹笋丝、清汤、韭菜烧开，用水淀粉勾芡，淋入香油，撒入胡椒粉炒匀即可。

五 彩 虾 松

原料：鲜虾 250 克，竹笋 10 克，葱白、水发冬菇、青椒、胡萝卜、鸡蛋清、蒜瓣、精盐、味精、白糖、料酒、胡椒粉、骨汤、水淀粉、植物油各适量。

 制作：

1. 将鲜虾洗净去壳、泥肠切丁，冬菇洗净去蒂切丁，胡萝卜洗净去皮切丁，青椒洗净去蒂、籽切丁，葱白、蒜均切末。

2. 将虾肉加入鸡蛋清、味精、淀粉拌匀腌片刻；冬菇丁、冬笋丁、胡萝卜丁、青椒丁、蒜末、精盐、味精、白糖、料酒、胡椒粉、骨汤、水淀粉调匀成味汁。

3. 炒锅注油烧至五成热，下入虾丁炒变色，盛出控油。

4. 炒锅植物油烧热，倒入味汁烧开，放入虾丁炒匀，淋入香油即可。

果仁笋粒炒海鲜

原料：冬笋、芦笋、夏威夷果仁各 100 克，鲜虾 150 克，带子 4 个，胡萝卜 50 克，胡椒粉、精盐、白糖、植物油各适量。

 制作：

1. 将鲜虾去头、壳，挑去泥肠；胡萝卜去皮洗净切粒、冬笋肉、芦笋均切粒。

2. 将带子、虾仁下入热油锅内略炒，盛出。

3. 炒锅注油烧热，下入冬笋粒、芦笋粒、红萝卜粒翻炒，加入带子、虾仁略炒，加入少许水、胡椒粉、白糖、精盐略焖片刻，最后加入果仁炒匀即可。

笋片炒虾球

原料：对虾 300 克，竹笋、鲜香菇、番茄、青椒各 50 克，鸡蛋清 1 个，大蒜、葱白、白糖、料酒、淀粉、味精、上汤、植物油各适量。

制作:

1. 将对虾去头、壳、尾、泥肠,洗净,在中间及两侧各片一刀;竹笋去皮洗净切片,香菇、西红柿分别洗净切片,青椒去蒂、籽洗净切片,葱白切马蹄形,大蒜切末。

2. 将对虾加入蛋清、淀粉拌匀上浆;精盐、白糖、料酒、味精、水淀粉、上汤调匀成卤汁。

3. 炒锅注有烧至五成热,下入对虾滑成球变色,捞出控油。

4. 锅内留少许热油,下入葱、蒜爆香,加入香菇、竹笋、青椒、番茄翻炒片刻,加入卤汁、虾球翻炒均匀即可。

芦笋大虾

原料: 大虾 6 只,芦笋 200 克,黄瓜 1 根,柠檬片、姜丝、香葱末、精盐、白糖、鸡精、植物油各适量。

制作:

1. 将大虾剔除沙线,洗净;黄瓜洗净切碎末,芦笋下入加入精盐、鸡精的开水锅内煮熟,捞出控水。

2. 炒锅注油烧至六成热,下入大虾炸至金黄色,捞出控油。

3. 炒锅注油烧热,下入姜丝煸炒出香味,放入大虾翻炒,加入精盐、白糖、鸡精翻炒均匀,撒入香葱、黄瓜碎,挤入柠檬汁即可。

三 鲜 锅 巴

原料：虾仁、水发海参各 200 克，竹笋 150 克，剩米饭、葱段、鸡蛋清、姜丝、精盐、胡椒粉、料酒、植物油、水淀粉各适量。

 制作：

1. 将虾仁剔除沙线，洗净，加入蛋清拌匀；水发海参洗净切菱形块，加入蛋清拌匀；竹笋洗净切薄片，下入开水锅内焯一下。

2. 炒锅注油烧热，下入姜丝煸炒，放入虾仁炒熟；米饭切成小块，下入热油锅内炸至金黄色捞出控油装盘。

3. 炒锅注油烧热，下入葱段煸炒，放入海参翻炒，加入虾仁、精盐、料酒、胡椒粉、少许水煮片刻，用水淀粉勾薄芡，倒入盘内的锅巴上即可。

双 笋 虾 仁

原料：春笋、莴笋各 300 克，鲜海虾 250 克，精盐、白胡椒粉、蛋清、淀粉、料酒、生抽、植物油各适量。

 制作：

1. 将春笋去壳洗净，莴笋去皮洗净，均切成丁。

2. 将海虾挑去虾线，去皮、头洗净，加少许精盐、料酒、蛋清、淀粉拌匀腌入味。

3. 炒锅注油烧至五成热，下入虾仁炒至变色，盛出备用。

4. 炒锅注油烧热，下入双笋丁翻炒，放入虾仁，烹入少许料酒、生抽，撒入精盐、胡椒粉炒匀即可。

双冬虾松

原料：猪肉300克，天门冬、麦门冬各5克，茭白、竹笋、虾仁各100克，荸荠、鲜香菇、生菜、芹菜各50克，鸡蛋1个，精盐、胡椒粉、植物油、淀粉各适量。

 制作：

1. 将猪肉洗净剁成末，天门冬、麦门冬洗净泡软切碎，生菜剥开洗净，芹菜洗净切末，虾仁去肠泥洗净切小丁，香菇洗净去蒂切丁，茭白去皮洗净切丁，荸荠去皮洗净切丁，竹笋煮熟洗净切丁，鸡蛋磕入碗内打散。

2. 炒锅注油烧热，到入蛋液炒熟；炒锅添少许油烧热，下入香菇略炒，放入猪肉末炒至变色，在放入虾仁炒熟盛出备用。

3. 炒锅注油烧热，下入茭白、竹笋、荸荠、天门冬、麦门冬翻炒，在放入炒好的虾仁、猪肉、鸡蛋，撒入精盐、胡椒粉焯片刻，用水淀粉勾薄芡，最后放入芹菜末炒匀即成虾松。

4. 将生菜叶洗净，食时以生菜叶包虾松即可。

笋尖炒淡菜

原料：小淡菜 200 克，嫩笋尖 200 克，植物油、白糖、鸡汤、料酒、精盐各适量。

 制作：

1. 将笋尖洗净切成条，淡菜加入开水浸泡。

2. 将笋尖、淡菜分别装入碗内，加入开水，上锅蒸松，淡菜去杂质洗净。

3. 炒锅植物油烧热，下入笋尖、淡菜，加入蒸淡菜的汤、白糖、料酒、精盐、鸡汤烧开，大火收干汤汁，装盘即可。

竹笋鸡丝海螺

原料：海螺肉、鸡肉各100克，竹笋、蘑菇各50克，青豆、植物油、料酒、味精、水淀粉、精盐、蛋清、鸡汤、辣椒粉、葱、蒜、姜各适量。

 制作：

1. 将海螺肉洗去泥沙切成片，鸡肉去筋膜洗净切成丝，竹笋去皮洗净切丝，蘑菇洗净去蒂切成丝，葱、姜、蒜均切末，青豆洗净。

2. 将海螺片下入开水锅内焯一下，捞出控水；鸡丝加入蛋清拌匀。

3. 炒锅注油烧至五成热，下入鸡丝滑至变白，盛出。

4. 炒锅注油烧热，下入辣椒粉、葱、姜、蒜爆出香味，放入竹笋丝、蘑菇丝、青豆、海螺片翻炒片刻，加入料酒、味精、鸡汤、精盐烧开，再放入鸡丝略炒，用少许水淀粉勾芡即可。

竹笋炒蛎黄

原料：鲜牡蛎肉250克，竹笋100克，水发木耳50克，植物油、料酒、酱油、精盐、葱、姜、鲜汤各适量。

制作：

1. 将牡蛎肉洗净，下入开水锅内氽一下，捞出开水；竹笋洗净切片，下入开水锅内焯一下，捞出控水；葱切末，姜切片，木耳洗净撕小朵。

2. 炒锅注油烧热，下入葱末、姜片爆香，放入牡蛎肉、木耳、竹笋片翻炒，加入料酒、酱油、精盐及少许鲜汤略炒即可。

竹笋炒干贝

原料：干贝200克，竹笋150克，鲜香菇50克，青豆、植物油、酱油、料酒、淀粉、辣椒粉、葱、姜、蒜各适量。

制作:

1. 将干贝肉洗净切片,香菇洗净去蒂切片,竹笋洗净切成片,葱、姜、蒜均切末。

2. 将干贝片、竹笋片、香菇片、青豆分别下入开水锅内焯片刻,捞出控水。

3. 炒锅注油烧至六成热,下入葱、姜、蒜、辣椒粉炒香,放入干贝丝、竹笋片、香菇片、青豆翻炒片刻,加入酱油、料酒,用水淀粉勾芡即可。

竹笋炒赤贝

原料: 赤贝 250 克,竹笋150 克,鲜蘑菇 100 克,水发木耳 50 克,植物油、酱油、料酒、精盐、淀粉、香油、葱、姜、蒜各适量。

 制作:

1. 将赤贝去壳洗净,切成片;竹笋、蘑菇洗净切丝,葱、姜、蒜均切末,木耳洗净去蒂撕小朵。

2. 将赤贝肉、竹笋、蘑菇、水发木耳分别下入开水锅内焯一下,捞出控干。

3. 炒锅注油烧热,下入葱、姜、蒜煸出香味,放入赤贝肉、竹笋、蘑菇、水发木耳翻炒,加入料酒、酱油、精盐、少许水炒匀,用水淀粉勾芡,淋入香油即可。

烧、煮、炖、蒸

油焖五香竹笋

原料：竹笋 500 克，大蒜、香油、精盐、大料、花椒粒、白糖、酱油各适量。

 制作：

1. 将竹笋洗净去皮切成块，下入开水锅内烫一下，捞出控水。

2. 锅内添入适量清水，放入竹笋块、大蒜、精盐、大料、花椒粒、白糖、酱油，大火烧开，改小火煮 1 小时，淋入香油即可。

油 焖 竹 笋

原料：鲜竹笋 800 克，酱油、植物油、精盐、白糖、鸡精各适量。

 制作：

1. 将竹笋去壳、老根，洗净切滚刀。

2. 炒锅注油烧热，下入竹笋块翻炒片刻，加入酱油略炒，添入适量清水没过竹笋块，大火烧开，改中火煮 10 分钟，撒入精盐、白糖略煮，最后撒入鸡精即可。

笋脯花生

原料：花生仁 400 克，竹笋 250 克，大料、桂皮、老抽、白糖各适量。

 制作：

1. 将竹笋去壳洗净切成条。

2. 将花生仁放入锅内，填入适量清水，加入大料、桂皮、竹笋大火烧开，再加入老抽、白糖，小火煮 30 分钟至上色，大火收汁，拣去大料、桂皮即可。

鲜汁春笋

原料：嫩春笋尖 500 克，海米、精盐、味精、黄酒、植物油、鲜汤、葱姜汁、水淀粉各适量。

 制作：

1. 将春笋尖洗净切成两半，拍松。

2. 炒锅注油烧至四成热，下入春笋片炸熟，捞出控油。

3. 炒锅留少许热油，倒入少许鲜汤，放入海米、葱姜汁、精盐、黄酒、春笋片大火烧开，改小火烧 15 分钟，撒入味精，用水淀粉勾芡即可。

红 焖 竹 笋

原料：嫩竹笋 500 克，橄榄油、红糖、酱油、精盐各适量。

 制作：

1. 将竹笋洗净切滚刀块，下入开水锅内焯一下。

2. 炒锅烧热，放入笋块，添入适量清水，加入适量红糖大火烧开，盖盖改小火焖 5 分钟，淋入适量橄榄油、酱油继续焖烧 5 分钟，撒入精盐，大火收干汤汁即可。

烧 拌 冬 笋

原料：冬笋 400 克，干辣椒、花椒粒、精盐、味精、酱油、香油、辣椒油、植物油各适量。

制作：

1. 将冬笋带皮放在炭火慢慢烧至冬笋熟透，趁热剥去外壳、老根，撕成粗丝；干辣椒去蒂、籽。

2. 炒锅注油烧至四成热，下入干辣椒、花椒粒炸至变色，捞出剁细，余油倒出留用。

3. 将冬笋丝加入精盐、酱油、味精、香油、辣椒油、炸干辣椒的余油、剁细的干辣椒及花椒末拌匀即可。

干烧冬笋

原料：冬笋尖 250 克，水发冬菇 50 克，胡萝卜、青豆各 25 克，郫县豆瓣、葱、姜、白糖、精盐、料酒、素汤、香油、植物油各适量。

 制作：

1. 将冬笋切厚片，划上十字花刀，再切成粗条；水发冬菇、胡萝卜切丁，葱、姜切末。

2. 炒锅添入适量清水，人火烧开，分别下入冬笋、冬菇、胡萝卜、青豆焯一下，捞山控水。

3. 炒锅注油烧热，下入葱、姜爆香，加入郫县豆瓣炒香，烹入料酒，添入适量素汤，加入精盐、白糖烧开，放入冬笋、冬菇、胡萝卜、青豆，小火煨 10 分钟，大火收汁，淋入香油即可。

酿　春　笋

原料：嫩春笋 300 克，鲜蘑菇 100 克，水发香菇、油菜各 50 克，玉兰片、榨菜、素火腿、烤麸、干辣椒、白糖、味精、水淀粉、黄酒、酱油、植物油、香油、芝麻酱各适量。

 制作：

1. 将春笋去外皮洗净切段，打通笋内节头；水发香菇、鲜蘑菇、素火腿、玉兰片、榨菜、烤麸、红辣椒均切成小粒，加入香油、味精、水淀粉、芝麻酱拌匀，分别酿入笋内。

2. 炒锅注油烧至五成热，将酿笋下入锅内，中火炸至淡黄色，捞出沥油。

3. 炒锅放入炸酿笋，加入黄酒、酱油、白糖、适量水大火烧开，改小火焖至汤汁收干，撒入味精，淋入香油，盛出晾凉切斜块，码入盘成花形，浇上原汁即可。

卤汁鲜笋

原料： 绿竹笋 2 只，卤汁 700 克，干辣椒、葱、姜、蒜、料酒、胡椒粉、酱油各适量。

 制作：

1. 将竹笋去壳及粗老部分后，洗净对半切开，切片，干辣椒切段，葱切段，姜切片，蒜切片。

2. 将卤汁倒入锅内，放入竹笋，加入辣椒、葱、姜、蒜、料酒、胡椒粉、酱油大火烧开，改小火卤 30 分钟，捞出晾凉，改刀装盘即可。

卤 笋 丝

原料： 笋干 150 克，大料、干辣椒、姜片、蒜末、葱段、精盐、味精、白糖、酱油、植物油各适量。

制作：

1. 将笋干用清水浸泡 3 小时至泡发，洗净，捞出沥水，切成条。

2. 锅内放高汤加卤粉，再放入大料、干辣椒、笋条，加入盐、白糖、酱油等调味料，烧开后卤制约 15 分钟，入味后起锅装盘即可。

酸菜卤笋丝

原料：酸菜 400 克，竹笋 100 克，高汤、鸡油、精盐、香菇、味精、米酒、白糖各适量。

 制作：

1. 将酸菜加水浸泡 12 小时，挤干水分切小片；竹笋去壳洗净切丝，下入开水锅内焯熟，捞出沥水。

2. 锅内放入高汤、精盐、香菇、味精、米酒、白糖、鸡油大火烧开，加入酸菜、竹笋小火煮入味即可。

竹笋海米烧菜心

原料：嫩白菜心 300 克，竹笋 100 克，海米、植物油、料酒、精盐、味精、高汤各适量。

制作：

1.将白菜心洗净切段，海米用温水浸透；竹笋去老皮洗净切片，下入开水锅内焯熟。

2.炒锅注油烧至六成热，下入菜心翻炒至软，加入笋片、海米、精盐略炒，烹入料酒，添入高汤，小火烧5分钟，撒入味精即可。

菜心扒四宝

原料：竹笋尖150克，香菇、杏鲍菇各100克，水发竹荪50克，青菜心100克，精盐、味精、白糖、香油、淀粉、清汤、鸡油、耗油、植物油各适量。

 制作：

1.将竹笋尖洗净切片；香菇、杏鲍菇分别洗净切块，下入六成热油锅内炸一下，捞出控油；竹荪洗净。

2.将竹笋、香菇、杏鲍菇、竹荪一起放入锅内，加入鸡汤、鸡油、蚝油、味精、精盐、清汤、白糖大火烧10分钟，捞出盛入盘内，原汤留用。

3.炒锅注油烧热，下入菜心略炒，撒入精盐、味精炒匀，盛在盘子一圈。

4.将原汤烧开，用水淀粉勾芡，淋入鸡油，浇在盘内即可。

草菇烧鞭笋

原料：草菇 350 克，鲜嫩鞭笋 250 克，料酒、酱油、胡椒粉、精盐、味精、植物油、豆豉、淀粉各适量。

 制作：

1. 将草菇洗净切半，鞭笋洗净切滚刀块，分别下入开水锅内焯一下，捞出控水；豆豉剁碎。

2. 炒锅注油烧热，下入豆豉煸香，烹入料酒、酱油，加入少许开水，放入草菇、鞭笋、精盐、味精、胡椒粉，大火烧开，用水淀粉勾芡即可。

糟烩鞭笋

原料：嫩鞭笋 300 克，香糟汁 50 毫升，香油、水淀粉、味精、精盐、植物油各适量。

 制作：

1. 将鞭笋洗净切成长段，对剖拍松；香糟加适量水搅匀，过滤，留下糟汁备用。

2. 炒锅注油烧热，下入鞭笋略炒，加入少许水烧 5 分钟，加入精盐、味精、香糟汁烧开，用水淀粉勾芡，淋入香油即可。

冬笋烧豆苗

原料：豌豆苗 250 克，冬笋 200 克，姜、黄酒、葱、香油、白糖、精盐、酱油、植物油各适量。

 制作：

1. 将冬笋去皮洗净切两半，下入开水锅内，加少许精盐煮 15 分钟，捞出过凉切厚片；姜洗净切片，葱洗净切末；豆苗洗净，下入开水锅中，加少许植物油、黄酒氽熟，捞出沥水装盘。

2. 炒锅注油烧至七成热，下入姜片、葱末爆香，放入冬笋炒至微黄色，加入白糖、酱油、少许水，大火烧至汤干，淋入香油，盛在豆苗上即可。

香菇焖竹笋

原料：鲜竹笋 500 克，水发香菇 50 克，水发海米 25 克，葱末、酱油、精盐、白糖、高汤、植物油各适量。

制作：

1. 将竹笋去皮洗净，下入烧开的高汤内煮熟，捞出切块，汤汁留用。

2. 将香菇洗净去蒂切块，海米泡软。

3. 炒锅注油烧热，下入葱末、香菇、海米略炒，加入竹笋、酱油、白糖、精盐翻匀，添入煮笋汤，大火烧开，改小火盖盖焖30分钟，用大火收汁即可。

农家烟笋

原料：烟笋250克，植物油、高汤、精盐、味精、胡椒粉、白糖、白酒、葱丝各适量。

 制作：

1. 将烟笋用温水泡发，切成细丝，加入白酒搓洗片刻，下入开水锅内焯一下，捞出控水。

2. 炒锅注油烧热，下入笋丝，加入味精、白糖、精盐、高汤大火烧开，改小火煨10分钟，撒入胡椒粉、葱丝即可。

蚝油竹笋烧香菇

原料：竹笋150克，干香菇50克，蚝油、葱丝、老抽、精盐、白糖、味精、水淀粉、香油、植物油各适量。

制作:

1. 将干香菇用温水泡发,洗净切块,泡香菇的水留用;竹笋洗净切滚刀块,下入开水锅内焯一下,捞出控水。

2. 炒锅注油烧热,下入香菇、竹笋、葱丝爆炒片刻,加入蚝油、老抽、精盐、白糖、味精、少许泡冬菇的水,大火烧开,改小火烧至汤汁香浓,用水淀粉勾薄芡,淋入香油即可。

竹笋烧豆腐

> **原料:** 北豆腐、竹笋各 250 克,猪瘦肉 100 克,干香菇、胡萝卜、葱末、姜片、红辣椒、植物油、精盐、白糖、水淀粉、料酒、酱油各适量。

 制作:

1. 将豆腐切三角型厚片,撒少许精盐略腌,用纸巾吸干水份;竹笋、胡萝卜分别洗干净切片;猪肉洗净切薄片,加入胡椒粉、料酒、酱油、水淀粉拌匀腌 10 分钟。香菇泡发洗净,去蒂切两半,香菇水留用。

2. 炒锅注油烧热,慢慢放入豆腐,小火炸至表皮变硬,捞出控油;胡萝卜、竹笋分别过油。

3. 炒锅留少许油烧热,下入肉片略炒,加入葱段、姜片、红辣椒炒香,放入香菇翻炒,倒入适量香菇水,再加入酱油、料酒、白糖、醋、豆腐片烧开,最后放入竹笋、胡萝卜小火煨几分钟,用水淀粉勾芡,淋入香油即可。

竹笋蘑菇炖豆腐

原料：南豆腐 300 克，冬笋 100 克，鲜蘑菇 50 克，鲜汤、香油、酱油、料酒、胡椒粉、葱、姜、植物油各适量。

 制作：

1. 将豆腐切成小块，下入凉水锅内，加少许料酒大火煮至豆腐出蜂窝孔，捞出控水；冬笋去皮洗净切成指甲片，蘑菇去蒂洗净切成小块，葱、姜均切成末。

2. 炒锅注油油烧至五成热，下入冬笋片炸至金黄色，捞起控油。

3. 炒锅内放入鲜汤、豆腐、冬笋片、鲜蘑菇、酱油、精盐、姜末大火烧开，改小火煮 10 分钟，撒入胡椒粉、葱末，淋入香油即可。

笋干炖冻豆腐

原料：干笋片 150 克，冻豆腐 500 可靠，胡萝卜、水发木耳各 100 克，花生仁、葱、姜、精盐、酱油、鸡汤、花椒粉、白糖、植物油各适量。

 制作：

1. 将干笋用温水泡发洗净，木耳洗净撕小朵，胡萝卜洗净切块，冻豆腐切块，花生仁煮熟去皮，葱切末，姜切丝。

2. 炒锅注油烧热，下入葱、姜爆香，加入胡萝卜、木耳翻炒片刻，放入冻豆腐、白糖、酱油、花椒粉、鸡汤大火烧开，盖盖，改小火焖 10 分钟，撒入精盐即可。

竹笋烧茄子

原料：长茄子 400 克，竹笋 100 克，木水发耳 50 克，豆瓣酱、葱、姜、蒜、酱油、精盐、味精、白糖、淀粉、植物油、香油、高汤各适量。

 制作：

1. 将茄子洗净去皮，切菱形块；竹笋洗净切成片，下入开水锅内焯熟；木耳洗净撕成小朵，葱切段，姜、蒜切片。

2. 炒锅注油烧热，下入茄块炸至浅黄色，捞出沥油。

3. 锅内留底油烧热，下入葱、姜、蒜爆香，加入豆瓣酱煸炒片刻，烹入酱油、高汤，放入茄子、木耳、竹笋片略烧，撒精盐、味精、白糖调味，用湿淀粉勾芡，淋入香油即可。

冬笋烩扁豆

原料：冬笋 350 克，扁豆 250 克，精盐、白糖、黄酒、植物油、高汤、水淀粉各适量。

制作：

1. 将冬笋去外皮、根洗净，切成滚刀块，下入开水锅内焯一下，捞出控水；扁豆撕去老筋洗净，下入热油锅内过油，捞出沥油。

2. 炒锅注油烧热，倒入适量高汤，加入精盐、白糖、黄酒、冬笋、扁豆大火烧 5 分钟，用水淀粉勾芡即可。

柳松茸烧竹笋

原料：柳松茸、干竹笋各 100 克，海米、火腿、植物油、水淀粉、精盐、酱油、米醋、姜、葱、蒜、白糖、香油、高汤各适量；海米用温水泡软。

 制作：

1. 将柳松茸、竹笋分别用热水泡发，洗净均切片；葱、将、蒜均切末，火腿切片。

2. 炒锅注油烧至六成热，分别下入竹笋、柳松茸、火腿片略炸，捞出沥油。

3. 炒锅留少许油烧热，下入葱、姜、蒜、海米爆香，放入竹笋、柳松茸、火腿，加入米醋、精盐、酱油、白糖、高汤大火烧开，改小火烧至汤汁浓稠，用水淀粉勾芡，淋入香油即可。

冬笋胡萝卜鸡块

原料：净鸡 1 只，白菜 300 克，冬笋、胡萝卜各 150 克，干香菇 50 克，姜片、精盐、老抽、黄酒各适量。

 制作：

1. 将鸡洗净剁小块，下入开水锅内焯一下，捞出洗净；冬笋洗净切片，胡萝卜洗净切片；香菇用温水泡软，洗净去蒂；白菜洗净切片，下入开水锅内焯软，捞出控水。

2. 砂锅添入适量清水，放入鸡、姜片、冬菇、料酒、老抽，大火烧开，撇去浮沫，改用小火煮 30 分钟，放入冬笋片、胡萝卜片、白菜片煮 5 分钟，撒入精盐即可。

雪菜烧竹笋

原料：竹笋 400 克，雪菜 150 克，精盐适量。

制作：

1. 将竹笋去壳洗净切成长条，雪菜洗净切成段。

2. 将竹笋放入锅内，添入适量清水，大火烧开，撇去浮沫，加入精盐，改小火煮 15 分钟，再放入雪菜煮 5 分钟即可。

竹笋茄汁烧面筋

原料：油面筋 20 个，竹笋 300 克，葱、姜、蒜、番茄沙司、甜辣酱、精盐、胡椒粉、蒸鱼豉油、植物油各适量。

 制作：

1. 将竹笋去皮洗净切片，下入开水锅内焯一下，捞出控水；油面筋下入开水锅内略煮，捞出过水；葱、姜、蒜均切末。

2. 将番茄酱、甜辣酱、蒸鱼豉油、白糖搅拌均匀成味汁备用。

3. 炒锅注油烧热，下入葱、姜、蒜爆香，加入竹笋片翻炒片刻，放入油面筋、番茄味汁炒匀，添入少量清水煮 5 分钟，撒入精盐、胡椒粉，煮至汤汁浓稠即可。

香菇竹笋烧面筋

原料：油面筋 300 克，竹笋 150 克，鲜香菇 100 克，油菜 50 克，植物油、香油、精盐、酱油、味精、料酒、白糖、淀粉、清汤各适量。

 制作：

1. 将油面筋改刀成块，香菇去蒂洗净切两半，竹笋洗净煮熟切滚刀块，油菜择洗干净切段。

2. 炒锅注油烧至六成，下入香菇、竹笋、油菜煸炒，添入清汤，大火烧开，倒入砂锅内，放入面筋、料酒、酱油、白糖、精盐、味精，烧至汤汁浓稠，用水淀粉勾芡，淋入香油即可。

竹笋烧烤麸

原料：干烤麸 3 块，竹笋 500 克，水发木耳、水发金针菜各 100 克，葱、姜、大料、桂皮、辣椒、精盐、白糖、植物油、老抽、生抽、料酒、鸡精、鲜鸡汁、香油、蒜苗各适量。

制作：

1. 将干烤麸用温水泡发，洗净切小块；竹笋去皮洗净切块，水发木耳洗净撕小朵，金针菜洗净切段，葱切段，姜切片，蒜苗切末，辣椒切段。

2. 炒锅注油烧热，下入葱、姜、辣椒、大料、桂皮炒香，加入烤麸翻炒片刻，放入竹笋、木耳、金针菜、料酒、老抽、生抽、鲜鸡汁、白糖，添入适量清水，大火烧开，改小火煮至竹笋熟透，撒入蒜苗末、精盐、鸡精，淋入香油即可。

茶 香 春 笋

原料：春笋 400 克，葱 2 根，茶叶 50 克，白糖、酱油、鲜汤、植物油、味精、葱、香油、姜各适量。

制作:

1. 将葱 1/2 切葱末,余下切段;竹笋去壳洗净拍松切成条,下入开水锅内焯片刻,捞出控水;姜洗净用刀切成薄片。

2. 炒锅注油烧至六成热,下入竹笋炸至金黄色,捞出沥油。

3. 锅内留少许油烧热,下入竹笋,加入酱油、白糖、鲜汤大火烧开,撒入味精,收浓汤汁,滗入碗内成卤汁备用。

4. 将竹笋条码入盆内,锅底放入湿茶叶、白糖、姜片,上面码上葱段,将盆放在锅内,盖盖,小火烧至锅中冒出浓烟,离火焖几分钟,取出竹笋盆。

5. 炒锅注油烧热,下入葱末、熏过的竹笋翻炒,淋入香油,炒匀装碗,浇上卤汁即可。

杏仁烩竹笋

> **原料:** 竹笋 300 克,杏仁 50 克,青椒 1 个,淀粉、鸡精、精盐、高汤各适量。

 制作:

1. 将杏仁洗净沥水;青椒洗净去蒂、籽切小块;竹笋去壳洗净,下入开水锅内焯熟,捞出切片。

2. 锅内添入适量高汤,放入杏仁、青椒块,加入精盐、鸡精,大火烧开,用水淀粉勾芡,最后放入竹笋片翻匀即可。

清 蒸 竹 笋

> **原料：** 竹笋 500 克，红辣椒、精盐、白糖、味精、植物油各适量。

 制作：

1. 将竹笋洗净切人块，加入精盐、白糖、辣椒、植物油拌匀腌入味。

2. 将竹笋上锅蒸 15 分钟，取山加入味精拌匀即可。

竹笋烧五花肉

> **原料：** 猪五花肉、鲜竹笋各 300 克，葱、姜、蒜、料酒、冰糖、老抽、花椒、大料、桂皮、干辣椒、精盐各适量。

制作：

1. 将五花肉洗净切块，下入开水锅内焯一下，捞出沥水；竹笋去外皮洗净切块，下入烧开的盐水锅内烫一下，捞出沥水；葱、姜分别切末。

2. 炒锅植物油烧热，下入猪五花肉块，小火煸至出油，捞出备用。

3. 锅内留少许油烧热，加入冰糖小火熬至发黄冒小泡，放入猪五花肉翻炒至上色，加入竹笋、料酒、少许老抽、花椒、大料、桂皮、干辣椒翻炒均匀，倒入适量开水，小火煮至肉烂软糯、汤汁浓稠，撒入精盐翻匀即可。

素鸡笋干炖五花肉

原料：素鸡 1 根，干笋片 100 克，五花肉 500 克，姜、香葱、老抽、生抽、白糖、鸡精、绍酒、植物油各适量。

 制作：

1. 将干笋用温水泡发，洗净；葱切段，姜切片；素鸡切滚刀块，下入热油锅大火炸至表面起泡呈金黄色，捞出控油。

2. 将五花肉洗净切块，下入凉水锅内烧开焯水，捞出洗净。

3. 炒锅注油烧热，下入姜片、五花肉翻炒至肉表面微黄，淋入绍酒、老抽、生抽翻炒至肉上色，加入笋片、葱段及适量开水，大火烧开，撇去浮沫，盖盖，改小火烧 40 分钟，最后放入素鸡块，撒入白糖、鸡精烧 10 分钟即可。

春笋烧肉片

原料：春笋 300 克，猪瘦肉 200 克，葱白、料酒、味精、胡椒粉、淀粉、植物油、酱油各适量。

制作：

1. 将葱白洗净切成段，猪肉洗净拍松切成小块，春笋洗净切厚片。

2. 炒锅注油烧热，下入葱白、春笋片翻炒片刻，放入猪肉片略煸，加入酱油、料酒、胡椒粉、少许水大火烧开，小火烧入味，撒入味精，用水淀粉勾芡即可。

竹笋烧里脊

原料：冬笋 400 克，猪里脊肉 150 克，榨菜 25 克，植物油、葱、姜、干辣椒、香油、精盐、酱油、料酒、高汤各适量。

 制作：

1. 将竹笋去外皮、根洗净，下入开水锅内煮熟，捞出控水，切成条；猪里脊肉洗净剁成末，榨菜、姜、葱、辣椒均切成末。

2. 炒锅注油烧热，下入竹笋片略炸，捞出沥油。

3. 炒锅留少许油烧热，下入肉末煸熟，加入榨菜、姜、干辣椒、高汤、精盐、酱油大火烧开，改小火煨至竹笋熟透入味，撒入葱末，淋入香油炒匀即可。

南乳竹笋烧肉

原料：带皮猪五花肉 500 克，竹笋 400 克，南豆腐乳 2 块，南豆乳汁、葱段、姜片、大料、料酒、桂皮、花椒、白糖、老抽、生抽、植物油各适量。

 制作：

1. 将猪肉洗净切成方块，下入开水锅内焯一下，捞出控水；竹笋去外皮洗净切成滚刀块。

2. 炒锅注油烧热，下入葱、姜爆香，加入大料、花椒、桂皮炒出香味，放入南豆腐乳、猪肉翻炒至肉出油，淋入适量老抽及生抽、料酒，撒入少许白糖炒入味，倒入适量开水，大火烧开，再放入竹笋块小火烧 1 小时，改小火收汁即可。

板栗竹笋红烧肉

原料：猪五花肉 500 克，栗子仁 200 克，冰糖、大料、香叶、花椒、桂皮、葱、姜、蒜、老抽、生抽、精盐、料酒各适量。

 制作：

1. 将猪肉洗净，加冷水浸泡 10 分钟，切成方块，下入凉水锅内，加入葱段、姜片、料酒大火烧开，撇去浮沫，捞出猪肉控水备用。

2. 炒锅烧热，下入猪肉煸至两面出油，改小火，加入冰糖烧至融化，淋入适量老抽、生抽炒匀，倒入适量开水，再加入栗子仁、大料、香叶、花椒、桂皮、葱段、姜片、蒜瓣、料酒，大火烧开，改小火盖盖煮1小时，最后放入竹笋煮至熟透，撒入精盐，大火收汁即可。

双参竹笋炖肉

原料：鲜人参 15 克，海参、猪瘦肉各 150 克，竹笋 100 克，香菇、嫩豌豆各 50 克，葱末、味精、精盐、香油各适量。

制作：

1. 将海参发好，洗净切块；香菇洗净去蒂切丝，猪瘦肉洗净切块，竹笋去皮洗净切片，人参洗净。

2. 将海参、香菇、猪肉、竹笋、人参、青豌豆一同放入砂锅内，添入适量清水大火烧开，盖盖改小火炖煮至猪肉熟烂，撒入味精、精盐，淋入香油即可。

梅菜竹笋烧肉

原料：猪五花肉 500 克，春笋 500 克，梅干菜 50 克，鸡精、葱、姜、蒜、料酒、生抽、老抽、白糖、植物油各适量。

制作:

1. 将猪五花肉洗净切块，冷水下锅，加少许料酒、姜焯断生，捞出用热水洗去浮沫；梅干菜用温水泡发，洗净；春笋去壳洗净，切滚刀块，下入开水锅内焯一下，捞出控水；葱切段，姜切片。

2. 炒锅注油烧热，下入猪五花肉煸至金黄色，加入老抽、生抽炒至肉上色，再加入料酒（没过肉）、白糖、梅干菜、笋、姜、葱，盖盖，小火焖30分钟，撒入鸡精，最后放入蒜瓣，再盖盖焖20分钟即可。

南 肉 竹 笋

原料: 咸猪五花肉 200 克，春笋 300 克，小白菜 50 克，黄酒、味精、鸡油各适量。

 制作:

1. 将咸肉煮熟，切成方块，原汤留用；春笋去皮，洗净切滚刀块；小白菜择洗干净，下入开水锅内焯熟。

2. 锅内添入适量清水，加入少许咸肉原汤，大火烧开，放入咸肉、春笋、黄酒，小火煮至笋块熟透，撒入味精，淋入鸡油，最后放入小白菜即可。

黑笋红烧肉

原料：猪五花肉 600 克，黑笋干 100 克，蒜、姜片、桂皮、大料、干辣椒、香叶、精盐、老抽、料酒、白糖、鸡精、植物油各适量。

 制作：

1. 将煮五花肉洗净，冷水下锅，加适量料酒煮 10 分钟，捞出切块。

2. 将黑笋干泡发洗净，切小段。

3. 炒锅注油烧热，下入五花肉煸炒片刻，倒出多余的油，加入蒜头、姜片、桂皮、大料、干辣椒、香叶炒香，淋入适量老抽炒至上色，再加入料酒、精盐、白糖炒匀，倒入适量开水，中小火煮 20 分钟，最后下入黑笋干煮至汁干，撒入鸡精即可。

酱烧竹笋排骨

原料：猪排骨 600 克，干竹笋 100 克，葱、姜、蒜、干辣椒、老抽、黄酒、花椒、鸡精、精盐、植物油各适量。

 制作：

1. 将排骨洗净剁小段，下入开水锅内略煮，捞出洗净控水；干竹笋用热水泡发，洗净切块；葱、姜、蒜均切末，干辣椒切段。

2. 将排骨放入高压锅内，加入黄酒、姜，盖盖压 10 分钟，排骨捞出，汤留用。

3. 炒锅注油烧热，下入葱、姜、蒜、花椒爆香，放入排骨翻炒片刻，加入老抽、精盐、辣椒略翻，添入适量排骨汤，大火烧开，改小火炖至汤汁收干，撒入鸡精即可。

竹笋炖排骨

原料：竹笋 500 克，排骨 1000 克，青红椒、木耳、冬菇、蒜、大料、香叶、料酒、精盐、植物油各适量。

 制作：

1. 将排骨洗净剁小段，下入开水锅内焯一下，捞出；竹笋洗净切块，下入开水锅内焯水；冬菇、木耳用温水泡发，洗净，香菇切块，木耳撕小朵；青红椒去籽洗净切块，蒜拍松。

2. 炒锅注油烧热，下入大蒜爆香，放入排骨翻炒片刻，加入料酒、清水、冬菇、木耳、大料、香叶、精盐，大火烧开，改小火炖至汤汁将干，再加入辣椒略烧即可。

芸豆冬笋焖猪排

原料：猪排骨 500 克，冬笋 150 克，香菇、青红椒、芸豆各 50 克，姜片、蒜片、精盐、酱油、高汤、味精、胡椒粉、白糖各适量。

制作：

1. 将排骨洗净剁小段，加入胡椒粉、精盐、酱油拌匀腌渍片刻；冬笋洗净切块，芸豆泡水，香菇洗净切块，青红椒去蒂、籽洗净切丝。

2. 炒锅注油烧热，下入姜片爆香，放入排骨炒至变色，加入蒜片、冬笋、香菇、精盐、酱油、高汤、味精、白糖、芸豆、适量开水，倒入高压锅内烧 10 分钟，再倒入炒锅内，加入青红椒丝、少许白糖，大火收汁即可。

笋干烧排骨

原料：猪排骨 500 克，干笋片 150 克，香菇、干辣椒、蒜瓣、姜丝、生抽、料酒、精盐、冰糖、植物油各适量。

 制作：

1. 将排骨洗净剁小段，加入料酒、生抽、精盐腌渍 30 分钟；干笋用温水泡发洗净，香菇洗净切成两半，干辣椒剪碎。

2. 炒锅注油烧至七成热，下入排骨炸至金黄色，捞出控油。

3. 炒锅留底油烧热，下入姜丝爆香，添入适量清水，放入排骨、生抽大火烧开，再放入干笋、蒜瓣、辣椒、香菇，改小火，盖盖烧 30 分钟，最后加入冰糖，焖至排骨笋干软烂即可。

橙汁竹笋烧小排

原料：猪小排骨 500 克，竹笋 200 克，橙子 2 个，口蘑 100 克，红黄彩椒、花椒、大料、葱段、姜片、精盐、味精、植物油各适量。

  制作：

1. 将排骨洗净，下入冷水锅，加入葱、姜、花椒、大料，大火烧开，撇去浮沫，小火煮 40 分钟，捞出沥水，去骨。

2. 取竹笋嫩段洗净，插入排骨肉中；橙子挤出橙汁，彩椒去蒂、籽洗净切片。

3. 炒锅注油加热，下入排骨肉，煎至两面金黄，加入橙子汁，大火烧开，改中小火略炖，放入彩椒、精盐，收干汁，撒入味精即可。

红烧笋干蹄膀

原料：猪蹄膀 1 个，笋干 300 克，猪五花肉 250 克，香菜、葱、酱油、料酒、白糖、精盐、植物油各适量。

制作：

1. 将笋干撕成细丝，洗净切段，加水浸泡 24 小时，下入开水锅内氽一下，捞出洗净控水；葱切段，香菜择洗干净切末。

2. 将猪蹄膀去杂质洗净，下入开水锅内烫一下，捞出洗净，抹匀酱油，下入热油锅内炸至金黄色，捞出控油过凉。

3. 将五花肉洗净切大块，放入锅内，加入笋干、适量清水大火烧开，改小火煮至笋干熟透入味，将笋干盛在盘中铺底备用。

4. 炒锅注少许油烧热，下入葱段爆香，放入蹄膀、酱油、料酒、白糖、精盐、适量水大火烧开，改小火煮至蹄膀熟烂，盛放笋干上，撒上香菜末即可。

酸菜竹笋猪蹄煲

原料：净猪蹄 1 个，酸菜（酸菜鱼用）100 克，竹笋 250 克，葱段、姜块、料酒、白糖、鸡精、精盐、蒜苗、植物油各适量。

制作：

1. 将猪蹄下入开水锅内略煮，捞出控水；竹笋去皮洗净切片，下入开水锅内焯一下，捞出控水；蒜苗择洗干净切末；酸菜下入热油锅内略炒备用。

2. 将猪蹄放入砂锅内，加入葱、姜、料酒、适量清水大火煮开，改小火煮 90 分钟，加入酸菜、竹笋、少许白糖炖 15 分钟，撒入鸡精、精盐、蒜苗末即可。

上汤火腿竹笋

原料：鲜竹笋 500 克，熟火腿 200 克，高汤、白胡椒、精盐、水淀粉、植物油各适量。

 制作：

1. 将竹笋去外皮洗净切滚刀块，火腿切丁。

2. 炒锅注油烧热，下入火腿丁爆香，放入竹笋块、精盐翻炒片刻，倒入高汤，大火烧开，改小火煮至竹笋熟透入味，用水淀粉勾薄芡，撒入白胡椒粉翻匀即可。

火腿肉炖冬笋

原料：火腿 250 克，鲜冬笋 500 克，精盐、冰糖、植物油各适量。

 制作：

1. 将火腿肉剔下，切成大块，火腿骨留用；冬笋去根、外皮洗净，切成斜刀块。

2. 砂锅添入适量清水，放入火腿肉、火腿骨、冬笋大火烧开，撇去浮沫，加入冰糖，盖盖改小火炖至冬笋变黄，淋入植物油，撒入精盐再煮 10 分钟。

3. 将冬笋盛入汤碗，火腿肉捞出切成大片，码在冬笋上，倒入原汤即可。

竹笋火腿豆腐羹

原料：豆腐 300 克，香菇、竹笋各 100 克，火腿肠、猪瘦肉丝、香菜、葱末、精盐、水淀粉、香油各适量。

 制作：

1. 将竹笋切丝，香菇切碎丁，豆腐切丁，火腿肠切丁，香菜切末。

2. 锅内添水烧开，下入猪肉丝煮片刻，放入豆腐、香菇、竹笋、火腿丁略煮，撒入精盐，用水淀粉勾芡粉，淋入香油，撒入香菜末、葱末即可。

竹笋金针豆腐羹

原料：北豆腐 1 盒，竹笋 300 克，水发香菇 100 克，水发金针菜 50 克，猪瘦肉肉丝 50 克，葱、姜、精盐、味精、植物油、淀粉各适量。

 制作：

1. 将竹笋洗净切片，香菇洗净切片，金针菜洗净切段，豆腐切成小块，葱、姜均切末。

2. 炒锅注油烧热，放入豆腐略炒，加入猪肉丝、竹笋片、香菇片、金针菜翻炒片刻，撒入精盐、味精，加少许清水，烧开后煮5分钟，用湿淀粉勾即可。

竹笋炖咸肉

> **原料：**咸猪肉、鲜猪后腿肉、竹笋、白叶结各100克，葱结、姜块、精盐、鸡精、料酒、高汤各适量。

 制作：

1. 将咸猪肉、鲜猪肉分别洗净切块，下入开水锅内焯一下，捞出洗净控水：竹笋去皮，下入开水锅内略煮，捞出切滚刀块。

2. 砂锅内添入高汤，加入咸猪肉、鲜猪肉、葱结、姜块，大火烧开，撇去浮沫，加入料酒、竹笋、百叶结，大火烧开后改小火煮至肉烂，拣去葱、姜，撒入精盐、鸡精即可。

酸笋鸡杂烧肥肠

> **原料：**酸笋200克，猪大肠500克，玉兰片100克，鸡杂100克，水发冬菇150克，火腿肉200克，高汤、小苏打、香油、精盐、味精、姜末、蒜末、花椒粉、香菜叶各适量。

 制作：

1. 将猪大肠用香油、小苏打揉搓后漂洗干净，放入锅内煮10

分钟，捞出洗净，再放入锅内煮 40 分钟，捞出过凉切圈片：火腿肉、玉兰片、冬菇、鸡杂均切片，酸笋切块。

2. 砂锅倒入高汤，大火烧开，放入猪大肠、火腿、酸笋、玉兰片、冬菇、鸡杂煮 20 分钟，加入姜末、蒜末、精盐、味精、花椒粉略煮，撒上香菜叶即可。

冬笋牛肉煲

原料：牛后腿肉 400 克，冬笋 150 克，白葱头 1 个，姜、青蒜、料酒、胡椒粉、精盐各适量。

 制作：

1. 将牛腿肉洗净去筋切片，加入精盐、料酒、胡椒粉拌匀腌入味；冬笋去皮、根洗净切片，下入开水锅内焯一下，捞出控水；姜去皮拍扁切片；葱头去皮洗净切片，青蒜择洗干净切段。

2. 砂锅注少许油烧热，下入姜、葱、青蒜爆香，放入牛肉、冬笋、适量开水，加入精盐、胡椒粉，盖盖煮 10 分钟即可。

竹笋烧牛肉

原料：牛肉 500 克，竹笋 200 克，葱、姜、蒜、精盐、胡椒粉、干辣椒、花椒、郫县豆瓣、大料、茴香、桂皮、植物油各适量。

制作：

1. 将牛肉洗净切大块，竹笋洗净切块，蒜拍松，葱切段，姜切片。

2. 将牛肉下入开水锅内，加入姜、葱，煮出血水，捞出备用。

3. 炒锅注油烧至六成热，放入郫县豆瓣、干辣椒、花椒炒出香味，加入葱、姜、蒜略炒，倒入清水，再加入大料、茴香、桂皮，放入牛肉，撒入胡椒粉，大火烧开，改小火烧1小时，最后放入竹笋煮10分钟，撒入精盐即可。

微波竹笋牛肉

原料：牛肉250克，葱头半个，竹笋、绿花菜各150克，胡萝卜1根，高汤、料酒、酱油、白糖、精盐、蚝油各适量。

 制作：

1. 将竹笋去皮洗净切片，葱头去皮洗净切梳子状，绿花菜掰小朵洗净；胡萝卜洗净切块，放入微波炉内，高火加热30秒。

2. 将牛肉洗净切大块，下入开水锅内炒片刻，捞出控水。

3. 将牛肉、葱头、竹笋、绿花菜、胡萝卜一起加入少许高汤、料酒、酱油、白糖、精盐、蚝油搅拌均匀，装入微波炉容器，加盖高火加热6分钟，取出搅拌一次，再高火加热至牛肉熟透即可。

香辣笋干牛肉煲

原料：牛腩 500 克，笋干 100 克，干红椒、辣椒粉、青椒、大料、桂皮、精盐、冰糖、料酒、高汤、植物油、蚝油各适量。

 制作：

1. 将牛腩洗净切块，下入开水锅内焯一下，捞出控水。

2. 将笋干用温水泡发，洗净；青椒去蒂、籽切块，干辣椒切段。

3. 炒锅注油烧热，下入干红椒、辣椒粉、青椒、大料、桂皮、蚝油炒香，放入干笋、牛腩，加入精盐、冰糖、料酒、高汤烧开，倒入汤煲内，小火炖至肉烂即可。

黑笋烧牛肉

原料：牛肉 1 000 克，牛筋 500 克，黑笋干 150 克，葱、香菜、姜、花椒、大料、麻辣豆瓣酱、酱油、鸡精、料酒、植物油各适量。

 制作：

1. 将黑笋泡发洗净，切小段；牛肉、牛筋分别洗净，下入开水锅内焯片刻，捞出洗净沥水均切块；姜切块拍碎，葱切末，香菜择洗干净切碎末。

2. 炒锅注油烧热，下入姜、花椒、大料炝锅，放入牛肉翻炒片刻，加入料酒、麻辣豆瓣酱、酱油翻炒，倒入适量清水，大火烧开，撇去浮沫，改小火烧1小时，再加入牛筋块烧30分钟，最后放入黑笋烧至牛肉、牛筋熟烂软糯，撒入鸡精、葱、香菜即可。

首乌竹笋煲牛肉

原料：牛肉 250 克，竹笋 150 克，何首乌 25 克，黑豆 50 克，桂圆肉、干枣、精盐、味精、姜、植物油各适量。

 制作：

1. 将牛肉洗净切成小块；黑豆洗净加水浸泡24小时，加水煮熟；竹笋洗净煮熟，姜洗净切片，大枣洗净去核。

2. 将牛肉、竹笋、姜片一起放入煲内，加入黑豆及汤汁，大火烧开，撇去浮沫，加入洗净的何首乌、桂圆肉、红枣煮至牛肉熟烂，撒入精盐、味精，淋少许植物油即可。

笋干烧蹄筋

原料：牛蹄筋 500 克，笋干 100 克，葱、姜、精盐、大料、花椒、干辣椒、生抽、老抽、红糖、冰糖、料酒、白胡椒、香叶、植物油各适量。

制作：

1. 将笋干加温水泡发，洗净切小块，下入开水锅焯一下，捞出控水；牛蹄筋洗净切小块，下入开水锅内，加入料酒，煮片刻，捞出过凉控水；葱切段，姜切片。

2. 炒锅注油烧热，下入葱、姜、大料、花椒、干辣椒、香叶爆香，放入牛蹄筋翻炒，加入红糖、冰糖、生抽、老抽翻炒片刻，再加入笋干、料酒、适量热水，大火烧开，盖盖，改小火焖至汤汁浓稠，撒入白胡椒粉即可。

竹笋焖羊肉

原料： 竹笋肉 300 克，羊肉 500 克，冬菇 50 克，白萝卜 250 克，植物油、老抽、蒜、姜、白糖、淀粉、精盐、料酒各适量。

 制作：

1. 将羊肉洗净切块，蒜拍松，姜切片；冬菇洗净切块，加入白糖、淀粉、植物油拌匀腌片刻；竹笋去壳洗净切两半，下入开水锅内煮熟，捞出过凉切厚片。

2. 将白萝卜洗净切大块，加水烧开，放入羊肉煮 10 分钟，取出羊肉洗净沥干，加少许老抽拌匀。

3. 炒锅注油烧热，下入蒜瓣、姜爆香，放入竹笋、羊肉翻炒，倒入煲锅内，加入白萝卜汤、料酒、老抽大火烧开，改小火焖约1 小时，再加入冬菇焖 15 分钟，撒入精盐即可。

竹笋荸荠羊肉汤

原料：羊肉 200 克，竹笋 100 克，荸荠 50 克，姜、精盐各适量。

 制作：

1. 将羊肉除去筋膜，洗净切成薄片；竹笋去壳洗净切片，荸荠去皮洗净切片，姜切片。

2. 将羊肉片放入锅内，添入适量清水，大火烧开，撇去浮沫，加入姜片、竹笋片、马蹄片，小火煮至羊肉熟烂，撒入精盐即可。

嫩笋三黄鸡

原料：净三黄鸡 1 只，竹笋 250 克，鲜香菇 50 克，枸杞子、大枣、葱、蒜、姜、香叶、桂皮、精盐各适量。

 制作：

1. 将竹笋洗净切成片，香菇洗净去蒂切块；三黄鸡去杂质洗净，下入开水锅内烫一下，捞出控水，葱切段，姜切片，蒜拍松，红枣洗净去核。

2. 炒锅添入适量清水烧开，放入三黄鸡、笋块、香菇块、红枣、葱段、蒜、姜片、香叶、桂皮，大火烧开，改小火炖 1 个小时，加入枸杞、精盐再炖 10 分钟即可。

鸡 汁 干 丝

> **原料：** 方豆腐干 400 克，冬笋丝、熟鸡肉丝、虾仁各 50 克，熟鸡胗片、熟鸡肝各 25 克，海米、熟火腿丝、豌豆苗、精盐、白酱油、鸡清汤、植物油各适量。

 制作：

1. 将豆腐干切成细丝，下入开水锅内烫去豆腥味，捞出控水。

2. 炒锅注油烧热，下入虾仁炒至变色，盛出备用。

3. 锅内添入鸡汤，加入豆腐干丝、鸡丝、鸡胗、鸡肝、笋丝大火烧开，改小火煮至汤浓，加入海米、白酱油、精盐，盖盖煮 5 分钟离火。

4. 将干丝盛在盘内，鸡胗、鸡肝、笋丝、豌豆苗码在干丝四周，放上火腿丝、虾仁即可。

竹 笋 鸡 腿

> **原料：** 鸡腿、绿竹笋各 300 克，干香菇、竹荪各 50 克，精盐、米酒、植物油各适量。

制作：

1. 将鸡腿洗净切块，香菇用温水泡软切大块，竹笋去壳切块；

竹荪加清水、米酒浸泡15分钟，沥水备用。

2. 炒锅注油烧热，下入鸡腿爆炒至熟。

3. 锅内添水烧开，下入竹笋、鸡腿大火烧开，撇去浮沫，改小火煮20分左右，加入竹荪煮5分钟，撒入精盐即可。

鸡味春笋条

原料：春笋 500 克，鸡汤 1碗，干辣椒、绍酒、白糖、精盐各适量。

 制作：

1. 将春笋去壳洗净切成条，下入开水锅内焯几分钟，捞出过凉。

2. 将鸡汤倒入锅内，放入春笋条，大火烧开，加入绍酒、干辣椒，改小火煨 10 分钟，撒入精盐、白糖调味，煨至汤汁将干即可。

竹笋烧鸭

原料：竹笋 500 克，净青头鸭 1 只，黄酒、葱段、姜片、花椒、精盐、味精各适量。

 制作：

1. 将鸭子洗净剁块，下入热油锅内炒至肉色变白，盛出；竹笋去皮、老根，洗净切成块。

2. 将竹笋、鸭肉放入锅内，加入适量清水、黄酒、姜、葱、花椒大火烧开，改小火煮至鸭肉熟透，撒入精盐、味精调味即可。

竹笋咸肉炖老鸭

> 原料：净鸭 1 只，咸猪腿肉 200 克，竹笋 250 克，料酒、精盐、味精、枸杞子、葱、姜各适量。

 制作：

1. 将鸭洗净，下入开水锅内煮片刻，捞出洗净血沫；咸肉刮洗干净切成小块，葱打成结，姜切块，竹笋去皮洗净切块；枸杞子用水泡软，洗净。

2. 将鸭子腹朝下放入砂锅，加入葱结、姜块、适量清水，大火烧开，盖盖小火炖至鸭子六成熟，拣去葱、姜，把鸭子翻个身，加入咸肉、竹笋、枸杞子，盖盖继续用小火炖 1 小时，烹入料酒，撒入精盐、味精略煮即可。

当归竹笋鸭肉煲

> 原料：鸭腿 1 只，竹笋 300 克，当归 10 克，姜片、精盐、胡椒粉、鸡精各适量。

 制作：

1. 将竹笋洗净切块，鸭腿下入开水锅内焯一下。

2. 砂锅添入适量清水，加入姜片、当归大火烧开，放入鸭腿小火煲1小时，再放入竹笋煮片刻，撒入精盐、胡椒粉、鸡精即可。

烟笋烧鸭

原料：鸭子1只，烟笋干200克，葱、老姜、豆瓣酱、泡红椒碎、老抽、白糖、花椒、精盐、淀粉、植物油各适量。

 制作：

1. 将鸭子宰杀，去杂质洗净剁块，下入开水锅内焯一下，捞出沥水；烟笋用温水泡发，洗净切段；老姜拍破，葱挽成结。

2. 炒锅注油烧至七成热，下入鸭块、姜、葱、花椒炒干水分，捞出鸭块。

3. 炒锅留底油烧热，下入豆瓣、泡椒碎、老抽、白糖小火炒至红色，放入鸭块炒匀，添入适量清水，大火烧开，加入烟笋、精盐，盖盖，改小火焖至鸭肉熟透即可。

笋干鸭掌

原料：鸭掌12个，竹笋干50克，植物油、精盐、鸡精、葱、姜、蒜、大料、桂皮、料酒、生抽、老抽、白糖各适量。

制作：

1. 将笋干加温水泡发，洗净；鸭掌洗净，葱切段，姜切片，蒜切末。

2. 炒锅注油烧热，下入葱、姜、蒜、大料、桂皮爆香，放入鸭掌，加入老抽、生抽、料酒、白糖、精盐翻炒片刻，加入笋干，添入适量清水，大火烧开，改小火，盖盖焖至鸭掌熟透，改大火翻炒至汤汁浓稠，撒入鸡精即可。

竹 笋 烧 鹅

> **原料：**净鹅500克，竹笋、魔芋各300克，红油、精盐、胡椒、料酒、冰糖、味精、花椒、葱、泡姜、蒜、干辣椒、泡椒、榨菜、香菜各适量。

 制作：

1. 将鹅煮熟，去骨，鹅肉剁成条；竹笋洗净切块，葱切末，泡姜切片，榨菜切片，香菜择洗干净切段；魔芋洗净切片，下入开水锅内汆一下，捞出控水。

2. 炒锅注红油烧热，下入干辣椒段、泡椒段、泡姜片、榨菜片、蒜片爆香，放入鹅块、竹笋、魔芋片、适量水，大火烧开，加入精盐、胡椒粉、料酒、冰糖、味精，小火烧至鹅肉熟烂，撒入葱末、香菜段即可。

香菇竹笋焖乳鸽

原料：净乳鸽300克，竹笋100克，鲜香菇75克，葱、姜、味精、精盐、白糖、酱油、蚝油、料酒、老抽、淀粉、清汤各适量。

 制作：

1. 将乳鸽洗净，抹匀老抽，晾干；香菇去蒂洗净，竹笋去壳洗净切滚刀块，葱切丝，姜切片。

2. 炒锅注油烧至八成热，下入乳鸽炸至金黄色，捞出沥油。

3. 炒锅留底油烧热，下入葱丝，姜片爆香，加入料酒、清汤，放入乳鸽、香菇、竹笋、味精、精盐、白糖、蚝油大火烧开，改小火盖盖焖至乳鸽熟透，捞出香菇、竹笋码在盘内垫底。

4. 将乳鸽切大块，摆在香菇、竹笋上成乳鸽形。

5. 原汁烧热，用水淀粉勾芡，淋明油搅匀，浇在乳鸽面上即可。

竹笋烧平鱼

原料：平鱼750克，竹笋200克，鲜香菇50克，干辣椒、大料、姜、葱、蒜、酱油、精盐、白糖、醋、料酒、植物油各适量。

制作：

1. 将平鱼去杂质洗净，香菇洗净去蒂切两半，竹笋洗净切丁，辣椒洗净去蒂、籽切段，姜切片，葱切末，蒜拍松。

2. 炒锅注油烧至六成热，下入平鱼煎至两面金黄，捞出控油。

3. 炒锅留底油烧热，下入姜、蒜、葱、大料、干辣椒爆出香味，添入适量清水，加入精盐、酱油、料酒、白糖、醋，大火烧开，放入平鱼、香菇、竹笋，小火焖几分钟，撒上葱末即可。

白汁竹笋鲴鱼

原料：鲴鱼1条，竹笋150克，葱结、姜片、精盐、白糖、植物油、味精、料酒各适量。

制作：

1. 将鲴鱼去鳞、鳃及内脏洗净，剁下鱼头、鱼尾，沿脊骨剖成两片，剁成块，鱼头切两半，鱼尾切成块，一起下入开水锅内略烫，捞出控水；竹笋去壳洗净切成菱形块。

2. 炒锅注油烧至七成热，下入葱、姜爆香，拣去葱、姜，放入鲴鱼块稍煎，烹入料酒，盖盖稍焖，加入笋片、精盐、白糖、适量清水，大火烧开，盖盖改小火火焖15分钟，大火收浓汤汁，撒入味精即可。

竹笋龙井烧鱼片

原料：活青鱼1条，竹笋150克，火腿肠50克，干松蘑25克，鸡蛋清1个，龙井茶、料酒、味精、精盐、植物油、淀粉、精盐、鸡汤各适量。

 制作：

1. 将青鱼去鳞、鳃及内脏洗净，剔下两面鱼肉，切成片，加入精盐、水淀粉、鸡蛋清拌匀；竹笋去皮洗净切片，香菇泡发去蒂洗净，火腿切末。

2. 炒锅注油烧至六成热，下入鱼片滑散，捞出控油。

3. 将龙井茶叶放入杯中，加入开水浸泡5分钟，滗去茶水，茶叶留用。

4. 炒锅注油烧热，倒入鸡汤，加入精盐、料酒、味精、香菇、笋片，大火烧开，放入鱼片推匀，用水淀粉勾薄芡，再加入茶叶，淋热油，盛入盘内，撒火腿末即可。

竹笋烧咸鱼

原料：竹笋、咸青鱼各300克，葱、姜、料酒、酱油、白糖、植物油各适量。

制作：

1. 将竹笋去皮洗净切斜刀块，下入开水锅内煮 5 分钟，捞出控水；咸青鱼洗净切块，葱切段，姜切片。

2. 炒锅注油烧热，下入葱、姜爆香，放入鱼块煎至表面微黄，烹入料酒，加入竹笋、酱油、白糖、适量清水，大火烧开，盖盖小火烧至汤汁将干即可。

竹笋焖黄鱼

原料：大黄鱼 1 条，竹笋 150 克，猪腿肉 50 克，黄酒、酱油、白糖、味精、葱、姜、蒜、香油、植物油、鲜汤各适量。

制作：

1. 将黄鱼去鳞、鳃、内脏洗净，在鱼身两面划斜刀，抹匀酱油腌渍入味；猪肉洗净切片；竹笋洗净，下入开水锅内煮熟切片；葱切段，姜、蒜切片。

2. 炒锅注油烧至六成热，下黄鱼煎至两面金黄色，捞出沥油。

3. 炒锅留底油烧热，下入葱段、蒜片、姜片爆香，放入猪肉片、笋片煸炒片刻，放入黄鱼，加入黄酒、酱油、白糖略少，倒入鲜汤，大火烧开，改小火烧 15 分钟，盛出黄鱼装盘，锅内汤加入味精，淋入香油，浇在鱼身上即可。

雪菜冬笋鱼头

原料：鲢鱼头半个，雪里蕻、冬笋、豆腐各 100 克，猪肉馅 75 克，葱、姜、辣椒、料酒、酱油、胡椒粉各适量。

 制作：

1. 将鱼头洗净，加入葱段、姜片、辣椒、料酒、酱油拌匀略腌；雪菜洗净切碎，冬笋去皮洗净切片，豆腐切方块。

2. 炒锅注油烧热，下入葱、姜爆香，放入鱼头煎至两面变黄，盛出控油；豆腐下入热油国内煎至两面金黄，盛出控油。

3. 炒锅留少许热油，下入猪肉末、雪里蕻略炒盛出。

4. 将鱼头、豆腐一同放入砂锅，加入雪里蕻肉末、笋片、辣椒、葱、姜、适量清水大火烧开，改小火烧 30 分钟即可。

竹笋银鱼羹

原料：银鱼 250 克，竹笋 150 克，鸡胸肉、火腿各 50 克，鸡蛋清 1 个，精盐、鸡精、淀粉、葱末、高汤各适量。

 制作：

1. 将银鱼洗净控水；竹笋去皮洗净，下入开水锅内煮熟，捞出控水切丝；鸡胸肉切丝，加精盐、淀粉拌匀上浆；火腿切丝，鸡蛋清打散。

2. 锅内添入适量清水、高汤大火烧开，放入竹笋、银鱼、鸡丝略煮，加入火腿丝、精盐、鸡精，用水淀粉勾芡成羹状，最后淋入鸡蛋清搅成蛋花即可。

竹笋炖鲈鱼

原料：鲜鲈鱼1条，竹笋200克，鲜香菇75克，酱油、料酒、葱段、姜片、精盐、胡椒粉、植物油各适量。

制作：

1. 将鲜鲈鱼宰杀，去鳞、鳃及杂质洗净，加入料酒、葱、姜、精盐、胡椒粉、酱油腌渍片刻。

2. 将竹笋洗净切滚刀块，香菇去蒂洗净切两半。

3. 炒锅注油烧热，下入鲈鱼煎至两面金黄色，放入炖锅内，添入适量开水，加入香菇、竹笋、酱油、葱、姜、料酒，大火烧开，盖盖，改小火炖30分钟即可。

竹笋鲈鱼羹

原料：净鲜鲈鱼1条，竹笋100克，鸡蛋黄2个，熟火腿、水发香菇、葱段、姜末、料酒、酱油、醋、精盐、味精、鸡汤、水淀粉、植物油各适量。

制作:

1. 将鲈鱼洗净,斩去头尾,沿脊背骨片成两片,鱼皮朝下装盘,加入葱段、料酒、精盐,上锅大火蒸熟,取出拣去葱、姜,滗去汤汁留用,除去皮骨,剥碎鱼肉,再加入汤汁拌匀。

2. 将竹笋去皮洗净,下入开水锅内煮熟,捞出控水切丝;火腿切丝,香菇去蒂洗净切丝,蛋黄打散。

3. 炒锅注油烧热,下入葱段爆香,倒入鸡汤大火烧开,烹入料酒,拣去葱段,放入竹笋、香菇、鱼肉,加入酱油、精盐、味精略煮,用水淀粉勾薄芡,倒入蛋黄液搅匀烧开,淋入醋、热油,撒入火腿丝、姜末即可。

笋干蒸鳕鱼

原料: 鳕鱼块 300 克,干笋片 150 克,蟹味菇 100 克,黄酒、葱末、姜末、白糖、蚝油、精盐、干辣椒碎、植物油各适量。

制作:

1. 将鳕鱼加黄酒、葱末、姜末、精盐腌渍 20 分钟;干笋用温水泡发,洗净,挤干水分剁碎,加入白糖拌匀上锅蒸 15 分钟。

2. 将蟹味菇去根洗精,下入开水锅内焯一下,捞出沥水,加入干笋、姜丝、蚝油拌匀。

3. 将鳕鱼擦干水分,放入蒸碗中,放上笋末蟹味菇,上锅蒸 15 分钟,最后撒上香葱、红椒,淋上热油即可。

糟熘竹笋鳜鱼

原料：净鳜鱼肉 300 克，鸡胸肉 100 克，竹笋 150 克，鸡蛋清 50 克，糟汁 75 克，鸡汤、精盐、白糖、味精、淀粉、植物油各适量。

 制作：

1. 将鸡蛋清加入精盐、味精、淀粉调成蛋清浆；鸡胸肉去皮剔筋，切成宽片；鳜鱼肉切成宽片；竹笋洗净切薄片，下入开水锅内焯一下，捞出沥水。

2. 将鱼片、鸡片分别加入蛋清浆拌匀。

3. 炒锅注油烧热，分别下入鱼片、鸡片滑散，盛出沥油。

4. 锅内添入适量鸡汤、糟汁，加入精盐、味精、白糖烧开，放入鱼片、鸡片、笋片略煮，用水淀粉勾芡，淋入鸡油即可。

三鲜烧鱼唇

原料：水发鱼唇 250 克，鲜竹笋 100 克，水发冬菇 50 克，熟净火腿 50 克，鸡汤、白糖、料酒、味精、精盐、香油、水淀粉各适量。

 制作：

1. 将竹笋去皮洗净切片，冬菇洗净切片，分别下入开水锅内焯一下，捞出控水；水发鱼唇洗净切成块，下入开水锅内汆一下，捞出控水；火腿切片。

2. 锅内放入鸡汤，下入鱼唇、竹笋片、冬菇片大火烧开，改小火烧 5 分钟，加入火腿片、精盐、白糖、料酒、味精烧片刻，用水淀粉勾薄芡，淋入香油即可。

春笋烧鲥鱼

原料：鲜春笋 200 克，鲥鱼 1 条，料酒、精盐、味精、葱、姜、植物油各适量。

 制作：

1. 将鲥鱼宰杀去杂质，洗净切块，下入开水锅内焯一下，捞出控水；春笋去皮洗净切块，下入开水锅内焯一下，捞出控水；葱切段，姜切片。

2. 炒锅注油烧热，下入葱、姜爆香，放入鱼块、笋块，加入料酒、适量清水，大火烧开，撇去浮沫，改小火焖 20 分钟，加入精盐、味精即可。

冬笋甲鱼

原料：冬笋 750 克，甲鱼 1 只，葱末、姜末、蒜末、料酒、冰糖、酱油、植物油各适量。

制作：

1. 将甲鱼宰杀去杂质洗净，斩成小块；冬笋去壳洗净切滚刀块。

2. 炒锅注油烧至五成热，放入笋块炸片刻，捞出控油。

3. 炒锅留少许油烧热，下入姜末、蒜末爆香，放入甲鱼块、冬笋块翻炒，加入料酒、酱油、冰糖、适量水烧20分钟，撒入葱末即可。

酸 笋 烧 鱼

原料：活鱼1条，酸笋200克，蒜片、姜片、红辣椒丝、葱段、胡椒粉、精盐、白糖、酱油、味精、高汤、料酒、植物油各适量。

 制作：

1. 将活鱼宰杀去杂质洗净，下入七成热油锅内炸至金黄色，捞出控油。

2. 锅内留烧热油，下入葱、姜、蒜爆香，倒入高汤，烹入料酒、酱油，大火烧开，放入鱼、酸笋，加入精盐、白糖、味精、胡椒粉、辣椒丝，烧至汤汁浓稠即可。

笋菇虾仁

原料： 虾仁 200 克，猪瘦肉、火腿、竹笋、水发香菇、白菜、绿花菜、白花菜各 75 克，精盐、淀粉、料酒、白糖、胡椒粉、高汤、植物油各适量。

 制作：

1. 将猪瘦肉、火腿、白菜、竹笋分别切片，水发香菇、花菜切小块，虾仁挑去泥肠洗净。

2. 将虾仁、猪肉片分别加入精盐、料酒、白糖、胡椒粉、淀粉拌匀；白菜、花菜、竹笋分别下入开水锅内烫片刻，捞出控水。

3. 炒锅注油烧热，分别下入虾仁、猪肉片炒熟，盛出备用。

4. 炒锅注油烧热，下入香菇、火腿、白菜、花菜、笋片翻炒，加入虾仁、猪肉片、少许高汤大火烧开，撒入精盐，用水淀粉勾芡即可。

竹笋虾仁羹

原料： 鲜竹节虾 300 克，鱼浆 200 克，鲜竹笋 250 克，香菇、蒜头酥、香菜末、鲜美露、白胡椒粉、香油、黑醋、水淀粉各适量。

制作:

1. 将竹节虾去壳、肠泥洗净,加入鱼浆拌匀,放入搅拌机打碎,搅拌至黏稠;竹笋去外皮洗净切丝,下入开水锅内烫一下,捞出控水,香菇洗净去蒂切丝。

2. 将虾仁鱼浆挤入开水锅内成虾仁羹,放入竹笋丝、香菇丝、鲜美路、白胡椒粉、香油、黑醋搅匀烧开,用水淀粉勾薄芡,撒入蒜头酥、香菜末即可。

竹笋烧海参

原料:水发海参 200 克,竹笋 300 克,精盐、白糖、酱油、黄酒、淀粉、高汤各适量。

? **制作:**

1. 将海参去杂质洗净切块,竹笋切滚刀块。

2. 锅内添入适量高汤烧开,放入海参、竹笋,大火烧开后改小火煮 15 分钟,加入精盐、白糖、酱油、黄酒,用湿淀粉勾芡即可。

竹笋杜仲烧海参

原料:水发海参 250 克,竹笋 150 克,杜仲 20 克,白糖、味精、胡椒粉、料酒、精盐、姜、葱、水淀粉、鲜汤、植物油、香油各适量。

制作：

1. 将海参去杂质洗净切片，下入开水锅内焯一下，捞出控水；竹笋去皮洗净切片，杜仲加水煎煮取汁，葱、姜均切末。

2. 炒锅注油烧热，下入葱、姜爆香，放入竹笋、海参略炒，加入鲜汤、杜仲汁、料酒、精盐、胡椒粉、白糖、味精，大火烧开，改小火烧 10 分钟，用水淀粉勾芡，淋入香油即可。

首乌竹笋烧海参

原料：制何首乌 50 克，三七 5 克，海参 20 克，竹笋、猪肚各 150 克，水发香菇 50 克，黄酒、姜汁、白糖、酱油、精盐、香油、胡椒粉、淀粉、植物油各适量。

 制作：

1. 将制何首乌、三七洗净，放入砂锅内，添入适量清水，大火烧开，改小火煮至汤汁剩约半杯，去渣备用。

2. 将香菇洗净去蒂切，海参去杂质洗净切滚刀块；竹笋洗净，下入开水锅内中煮熟，捞出晾凉切滚刀块。

3. 将猪肚洗净，下锅加水煮熟，取出洗净晾凉，切长块。

4. 炒锅注油烧热，下入香菇炒出香味，放入海参、猪肚、竹笋、药汤、黄酒略煮，加入姜汁、白糖、酱油、精盐、胡椒粉调味，最后用湿淀粉勾芡，淋入香油即可。

竹笋龟板烧海参

原料：水发海参 250 克，竹笋 150 克，龟板 25 克，味精、植物油、香油、料酒、鲜汤、精盐、白糖、水淀粉、胡椒粉、葱、姜各适量。

 制作：

1. 将海参去杂质洗净切抹刀片，下入开水锅内焯一下，捞出控水；竹笋去皮洗净切片，龟板加水煎煮取汁制，葱、姜均切末。

2. 炒锅注油烧热，下入葱、姜爆香，放入海参、竹笋略炒，烹入料酒，加入鲜汤、龟板汁，再加入精盐、味精、白糖、胡椒粉大火烧开，改小火烧 10 分钟，用水淀粉勾芡，淋入香油即可。

竹笋香菇海参羹

原料：水发海参 100 克，竹笋、水发香菇各 50 克，精盐、植物油、鸡汤、料酒、味精、胡椒粉、水淀粉、葱、姜各适量。

 制作：

1. 将海参去杂质洗净切小丁，竹笋去皮洗净切丁，香菇去蒂洗净切末，葱、姜均切末。

2. 炒锅注油烧热，下入葱、姜爆香，添入鸡汤，放入海参、竹笋、香菇、料酒、味精、精盐、胡椒粉，大火烧开，改小火煮

10 分钟，用水淀粉勾芡，撒入胡椒粉即可。

竹笋香菇烧淡菜

原料：淡菜 300 克，鲜香菇 75 克，竹笋 100 克，料酒、精盐、酱油、味精、淀粉、高汤各适量。

 制作：

1. 将淡菜去杂质，洗净放入碗内，加入高汤，上锅蒸透；香菇洗净去蒂切片，竹笋去老皮洗净切片。

2. 锅内添入高汤，加入笋片、香菇片、酱油、精盐、味精、淡菜大火烧开，改小火烧 5 分钟，用水淀粉勾芡即可。

竹笋莲子丝瓜汤

原料：丝瓜 500 克，竹笋 100 克，鲜莲子、水发竹荪各 50 克，精盐、味精、高汤各适量。

 制作：

1. 将竹笋洗净切片，丝瓜去外皮、瓤切成菱形片；鲜莲子下入开水锅内煮外衣，捞出洗净，去莲心；竹荪洗净剪去两头切斜块。

2. 锅内添入适量清水，大火烧开，放入竹荪、莲子、笋片、丝瓜煮20分钟，捞入汤碗内。

3. 另起锅添入适量高汤，加入精盐、味精大火烧开，倒入汤碗内即可。

竹笋黄豆汤

原料：黄豆50克，竹笋150克，香油、酱油、精盐、料酒、味精、葱、清汤各适量。

 制作：

1. 将黄豆洗净，加水浸泡8小时，下入开水锅内煮熟；竹笋洗净切成丝，葱切末。

2. 锅内添入适量清汤，大火烧开，放入竹笋丝，烹入料酒，加入精盐、酱油、味精、黄豆略煮，淋入香油，撒入葱末即可。

苦瓜竹笋汤

原料：竹笋、苦瓜各20克，姜片、虾皮、鸡精、香油、豌豆苗各适量。

 制作：

1. 将竹笋去皮洗净切片，下入开水锅内焯一下；苦瓜洗净去瓤切片，豌豆苗洗净。

2. 砂锅添入清水，加入姜片、虾皮大火烧开，放入竹笋片煮20分钟，再放入苦瓜略煮，撒入精盐、鸡精，淋入香油，最后放入豌豆苗即可。

竹笋香菇汤

原料：水发香菇、金针菇、竹笋各50克，姜、味精、精盐各适量。

制作：

1. 将香菇洗净去蒂切丝，姜切丝，金针洗净打结，竹笋去皮洗净切丝。

2. 将竹笋、姜丝放入汤锅，添入适量清水，大火烧开，小火煮15分钟，加入香菇、金针菇煮 5 分钟，撒入精盐、味精即可。

竹笋珍菌汤

原料：黑蟹味菇、白蟹味菇、杏鲍菇、香菇、海鲜菇、竹笋、葱、姜、鲍鱼汁、蚝油、海鲜酱油、精盐、植物油各适量。

制作：

1. 将黑蟹味菇、白蟹味菇、海鲜菇、香菇、杏鲍菇分别洗净改刀，竹笋去皮洗净切丝，葱、姜均切末。

2. 炒锅注油烧热，下入葱、姜爆香，加入竹笋、杏鲍菇炒片刻，放入黑蟹味菇、白蟹味菇、香菇、海鲜菇略炒，加入鲍鱼汁、蚝油、海鲜酱油，倒入开水稍煮，撒入精盐即可。

榨 菜 笋 丝 汤

原料：榨菜 20 克，竹笋、鲜香菇各 50 克，酱油、香油各适量。

 制作：

1. 将榨菜洗净切成丝；竹笋去外皮、根洗净切成丝，香菇洗净去蒂切丝。

2. 锅内添入适量清水，放入榨菜、竹笋、香菇，大火烧开，淋入酱油、香油即可。

酸　笋　汤

原料：酸笋 200 克，水发木耳 100 克，鸡蛋 1 个，火腿、胡萝卜、香菜、姜、香醋、水淀粉、精盐、鸡精、胡椒粉、香油各适量。

 制作：

1. 将酸笋、木耳、胡萝卜、姜分别洗净，均切丝；火腿切丝，香菜择洗干净切末，鸡蛋打散。

2. 锅内添入适量清水，放入酸笋丝、火腿丝、姜丝、木耳丝、胡萝卜丝大火烧开，加入香醋、精盐、胡椒粉调味，用水淀粉勾芡，淋入鸡蛋液，撒入鸡精、香菜末，滴入少许香油即可。

芹菜金针菇竹笋汤

原料：金针菇、竹笋各100克，胡萝卜、芹菜各75克，姜、葱、精盐、味精、料酒、香油、植物油、上汤各适量。

 制作：

1. 将胡萝卜去皮洗净切丝，竹笋去皮洗净煮熟切丝，芹菜择洗干净切末，金针菇去根洗净，葱切末，姜切丝。

2. 炒锅注油烧热，下入葱、姜爆香，放入金针菇、竹笋翻炒，烹入料酒，添入适量上汤大火烧开，加入胡萝卜略煮，最后放入芹菜、精盐、味精，淋入香油即可。

马兰头竹笋汤

原料：马兰头250克，竹笋150克，精盐、味精、香油各适量。

 制作：

1. 将马兰头、竹笋分别洗净，均切小段。

2. 将马兰头、竹笋一同放入锅内，添入适量清水大火烧开，加入精盐、味精，淋入香油即可。

酸辣竹笋粉皮汤

原料：鲜粉皮 3 张，竹笋 50 克，香菜、米醋、胡椒粉、酱油、精盐、味精、植物油、高汤各适量。

 制作：

1. 将粉皮切成长条；竹笋去皮切片，香菜择洗干净切末。

2. 将胡椒粉、米醋、香菜末装入碗内。

3. 炒锅添入适量清水，加入高汤、笋片、粉皮、酱油、精盐、味精大火烧开，淋入热油，冲入香菜碗内即可。

笋菇素鸡酸菜汤

原料：干香菇 25 克，鲜竹笋 50 克，素鸡、酸白菜各 150 克，豌豆苗、胡萝卜各 100 克，味精、精盐、香油、上汤各适量。

 制作：

1. 将鲜笋、胡萝卜去皮分别洗净，下入开水锅内煮至五成熟捞出，过凉切丝；豆苗焯熟。

2. 干香菇泡发，去蒂，留 1 朵切成花状，其余切丝；酸菜洗净切丝，素鸡切丝。

3. 将香菇花放入扣碗中央，其余码满扣碗，上锅蒸 10 分钟，取出扣在玻璃盅内。

4. 炒锅添入适量上汤，加入精盐、味精大火烧开，倒入玻璃盅内，撒上豆苗，淋入香油即可。

豆腐竹笋蛋花汤

原料：北豆腐 250 克，竹笋 100 克，干香菇 25 克，鸡蛋 1 个，芹菜、香油、精盐各适量。

 制作：

1. 将豆腐下入开水锅内汆一下捞出，切成长方形小块；香菇泡发洗净切成小块，竹笋洗净切小丁，芹菜择洗干净切丁，鸡蛋磕入碗内打散。

2. 炒锅注香油烧热，放入竹笋、香菇略炒，添入适量清水，大火烧开，加入豆腐、芹菜、精盐煮片刻，淋入蛋液即可。

菇笋丝瓜番茄豆腐汤

原料：北豆腐 100 克，干香菇 25 克，竹笋、丝瓜、番茄各 50 克，精盐、香油、胡椒粉各适量。

制作：

1. 将香菇泡发洗净切细丝，豆腐切条，竹笋洗净切细丝，丝瓜去皮切丝，番茄去皮切成丝。

2. 锅中添入适量清水，加入精盐烧开，放入豆腐丝、香菇丝、笋丝、丝瓜丝、番茄丝略煮，淋入香油，撒入胡椒粉即可。

荠菜竹笋豆腐羹

原料： 荠菜、竹笋各75克，南豆腐200克，干香菇25克，水面筋50克，胡萝卜25克，精盐、味精、姜、香油、植物油、淀粉、鸡汤各适量。

 制作：

1. 将豆腐切成小丁，香菇泡发切小丁，胡萝卜洗净切小丁焯熟，荠菜择洗干净切碎，竹笋洗净煮熟切小丁，面筋切小丁，姜切末。

2. 炒锅注油烧至七成热，添入适量鸡汤，加入豆腐丁、香菇丁、胡萝卜丁、熟笋丁、面筋、荠菜、精盐、姜末、味精大火烧开，用水淀粉勾芡，淋入香油即可。

苋菜鲜笋汤

原料： 竹笋100克，苋菜150克，魔芋50克，素高汤、米酒、精盐、玉米粉、香油各适量。

制作：

1. 将竹笋去壳洗净，切滚刀块；苋菜择洗干净切小段；魔芋下入开水锅内氽一下，捞出过凉切片。

2. 锅内添入适量素高汤烧开，放入竹笋块、魔芋片、苋菜，加入料酒、精盐略煮，用水淀粉勾芡，淋入香油即可。

竹笋油皮汤

原料： 油皮 150 克，竹笋 50克，香油、精盐、味精各适量。

 制作：

1. 将腐皮泡软，扯碎；竹笋洗净切小段。

2. 汤锅中添入适量清水，放入竹笋、精盐、味精大火烧开，加入油皮，淋入香油即可。

面筋双耳笋丝汤

原料： 干香菇 25 克，水面筋 100 克，竹笋 100 克，木耳、银耳、粉丝、姜、醋、酱油、白糖、精盐、香油、胡椒粉、植物油、上汤、淀粉各适量。

 制作：

1. 将粉丝加开水泡软，控水切长段；鲜菇泡发洗净切丝，竹笋洗净切丝，姜切丝；木耳、银耳均泡发，木耳洗净切丝，银耳洗净撕成小朵。

2. 将木耳、银耳分别下入开水锅内焯一下，捞出控水；面筋下入开水锅内煮片刻，捞出冲洗切丝。

3. 炒锅注油烧热，下入姜末爆香，添入适量上汤大火烧开，放入冬菇、木耳、银耳、竹笋、面筋略煮，加入精盐、白糖、精盐、醋、胡椒粉，最后放入粉丝略煮，淋入香油，用水淀粉勾薄芡即可。

鲜笋酸菜素肚汤

原料： 素火腿 200 克，酸白菜心 150 克，鲜竹笋 100 克，精盐、味精、香油、上汤各适量。

 制作：

1. 将鲜笋去壳洗净，煮至五成熟切片；酸白菜心洗净，与素火腿均切片。

2. 炒锅添入适量上汤，放入素火腿、酸菜心、鲜笋、精盐大火烧开，改小火煮 5 分钟，淋入香油即可。

冬瓜双竹汤

原料： 小冬瓜 1 个、竹笋、水发竹荪、水发香菇、白萝卜、白果、素火腿各 50 克，精盐、香油、味精、上汤各适量。

制作:

1. 将竹笋、白萝卜均洗净切小丁, 竹荪洗净切小段, 冬菇去蒂洗净切小丁, 素火腿切丁; 冬瓜去皮去两头, 掏空成冬瓜盅备用。

2. 将白萝卜、香菇、竹荪、竹笋、白果一同放入冬瓜盅里, 加入精盐、味精、适量上汤, 上锅蒸20分钟, 取出淋入香油即可。

竹笋肉丝酸辣汤

原料: 猪肉、竹笋各50克, 鸡蛋1个, 胡萝卜、大白菜、木耳、葱、姜、料酒、白糖、精盐、生抽、香醋、鸡精、香油、高汤、水淀粉、胡椒粉、辣椒、蒜苗、植物油各适量。

 制作:

1. 将猪肉洗净切丝, 加料酒、白糖拌匀, 下入热油锅内炒至变色, 盛出备用。

2. 将竹笋去皮洗净切丝, 下入开水锅内焯一下, 捞出控水; 胡萝卜、切丝, 木耳泡发洗净切丝, 白菜洗净切丝, 葱、姜切末, 蒜苗择洗干净切末, 鸡蛋磕入碗内打散。

3. 炒锅注油烧热, 下入葱、姜爆香, 下入白菜、胡萝卜、竹笋、木耳翻炒片刻, 盛出。

4. 砂锅放入肉丝、竹笋、胡萝卜、白菜、木耳、辣椒, 添入适量高汤、清水, 大火烧开, 加入香醋、精盐、生抽、胡椒粉煮5分钟, 撒入胡椒粉, 用水淀粉勾芡, 淋入蛋液成蛋花, 最后撒入鸡精、蒜苗, 淋入香油即可。

鲜笋肉片豆腐汤

原料：北豆腐 50 克，猪肉、竹笋各 100 克，葱、姜、植物油、香油、白糖、精盐、料酒、淀粉、酱油、上汤各适量。

 制作：

1. 将豆腐洗净切块，猪肉、竹笋均切片，葱、姜均切末。

2. 炒锅注油烧热，下入葱、姜爆香，放入猪肉片、笋片翻炒，加入上汤、白糖、精盐、料酒大火烧开，加入豆腐略煮，用水淀粉勾芡，淋入香油即可。

马齿苋笋干汤

原料：马齿苋、笋干、猪瘦肉、精盐、鸡精、料酒、姜汁、淀粉各适量。

 制作：

1. 将猪肉洗净切片，加料酒、姜汁、淀粉拌匀腌渍片刻；笋干加温水泡发，洗净撕成长丝；马齿苋洗清切成段。

2. 将笋干放入砂锅内，添入适量清水煮熟透，加入肉片，煮至肉片变色，再加入马齿苋略煮，撒入精盐、鸡精即可。

竹笋排骨汤

原料：猪排骨、竹笋各250克，花椒、小茴香、红枣、莲子、冰糖、大料、葱段、姜片、白醋、精盐、胡椒粉各适量。

 制作：

1. 将排骨洗净剁小段，放入锅内，添入适量清水，加入花椒、姜、小茴香焯五分钟，捞出洗净控水。

2. 将竹笋去皮洗净切滚刀块。

3. 将排骨放入汤锅，添入适量清水，加入红枣、莲子、冰糖、大料、葱段、姜片、白醋，大火烧开，改小火煮90分钟，再放入竹笋、精盐、胡椒粉煮15分钟即可。

春笋山药排骨汤

原料：猪排骨250克，竹笋、淮山药各100克，精盐适量。

制作：

1. 将排骨洗净剁小段，下入开水锅内略煮，捞出洗净控水；竹笋去皮洗净切大块，下入开水锅内焯一下，捞出控水；淮山药去皮洗净切大块。

2. 将排骨、竹笋、山药一同放入砂锅内，填入适量清水，大火烧开，改小火煮煮 1 小时，撒入精盐即可。

春笋棒骨汤

原料：春笋 500 克，鲜香菇 100 克，猪棒骨 1 根，姜、葱、精盐各适量。

 制作：

1. 将春笋去外壳，切滚刀块；棒骨砸成段，葱切末，姜拍松，香菇洗净去蒂对切。

2. 锅内添适量清水烧开，放入棒骨放入余烫 5 分钟，捞出用温水洗去浮沫。

3. 砂锅添入适量清水，放入棒骨、姜块、春笋、香菇大火烧开，改小火炖 3 小时，撒入精盐、葱末即可。

竹笋肝膏汤

原料：猪肝 250 克，竹笋 100 克，鸡蛋清 2 个，姜片、葱段、精盐、胡椒粉、料酒、清汤各适量。

 制作：

1. 将竹笋去皮洗净切成片，下入开水锅内焯熟，捞出控水。

2. 将猪肝洗净切成块，放入搅拌机内打碎，盛出加入适量清汤搅拌均匀，滤出猪肝汁，加入姜片、葱段浸泡 5 分钟，拣去葱、姜，再加入鸡蛋清、精盐、料酒、胡椒粉搅拌均匀。

3. 将猪肝汁盛入碗内，入蒸锅蒸至凝结成猪肝膏时，取出。

4. 锅内倒入清汤烧开，加入竹笋、精盐、胡椒粉略煮，浇入猪肝膏碗内即可。

竹笋木耳腰花汤

原料：猪腰子 300 克，竹笋 100 克，水发木耳 50 克，精盐、胡椒粉、葱、味精、鸡汤各适量。

 制作：

1. 将猪腰子一剖两半，去腰臊，洗净切成兰花片，放入清水内浸泡 10 分钟，捞出下入开水锅内焯熟；竹笋洗净切片，下入开水锅内氽一下；木耳干净撕小朵；葱切末。

2. 将猪腰、竹笋、木耳一同放入汤碗中，加入葱末、精盐、味精、胡椒粉，倒入烧开的鸡汤即可。

牛肉竹笋酥辣汤

原料：牛瘦肉、豆腐干各 100 克，竹笋 50 克，水发木耳、水发黄花菜各 25 克，鸡蛋 1 个，植物油、料酒、香油、葱、淀粉、醋、精盐、味精、胡椒粉、鲜汤各适量。

 制作：

1. 将牛肉洗净切成细丝，加入料酒、淀粉拌匀上浆；豆腐干、竹笋均切丝，鸡蛋磕入碗内打散，木耳洗净撕小朵，黄花菜择洗干净切段，葱切末。

2. 炒锅注油烧热，下入牛肉丝滑炒至熟，盛出。

3. 原锅添入鲜汤，放入牛肉丝、豆腐干丝、竹笋丝、木耳、黄花菜、酱油、料酒、精盐大火烧开，用水淀粉勾薄芡，淋入蛋液，撒入味精、胡椒粉、葱末，滴入醋、香油即可。

酸辣羊肚汤

原料：羊肚 200 克，竹笋 100 克，水发木耳 50 克，香菜、青蒜、香油、淀粉、葱、姜、料酒、醋、高汤各适量。

 制作：

1. 将羊肚去杂质洗净，下入开水锅内焯熟，晾凉切丝；竹笋洗净切片，木耳洗净切丝，葱切段，姜切片，香菜、青蒜分别择洗干净切末。

2. 锅内添入适量高汤，大火烧开，下入羊肚丝、竹笋片、木耳，加入料酒、精盐、葱、姜略煮，撇去浮沫，用水淀粉勾芡，淋入醋，撒入青蒜、香菜，滴入香油即可。

竹笋土鸡汤

原料：活土鸡 1 只（600 克左右），竹笋、胡萝卜、香菇各 100 克，葱、姜、精盐各适量。

制作：

1. 将土鸡宰杀，去杂质洗净；竹笋、胡萝卜、香菇分别洗净切块；葱切段，姜切片。

2. 将土鸡放入砂锅内，添入适量清水，加入葱、姜，大火烧开，撇出浮沫，改小火煮 1.5 小时，捞出葱姜，放入竹笋、胡萝卜、香菇煮 20 分钟，撒入精盐即可。

竹笋鸡片雪耳汤

> **原料：**鸡胸肉、油菜心各 100 克，竹笋 50 克，鸡蛋 1 个，干银耳 25 克，精盐、料酒、胡椒粉淀粉、上汤各适量。

 制作：

1. 将竹笋去壳洗净切薄片，鸡蛋磕入碗内打散；银耳用清水泡发洗净，去蒂撕小朵碎；鸡胸肉洗净切片，加入蛋液、精盐、料酒、胡椒粉、淀粉拌匀腌片刻；油菜菜心择洗干净切段。

2. 锅内添入适量上汤，大火烧开，放入竹笋、鸡肉、银耳煮熟，捞入汤碗内。

3. 锅内原汤用水淀粉勾芡，倒入汤碗内即可。

鸡肝笋菇汤

原料： 竹笋、胡萝卜、北豆腐、猪肉、鸡肝各 50 克，水发香菇 2 朵，鸡蛋 1 个，葱、淀粉、酱油、醋、精盐、味精、上汤各适量。

 制作：

1. 将豆腐洗净切细条，鸡肝洗去血水焯熟切薄片，猪肉、香菇、竹笋、红萝卜均切丝，葱切末，鸡蛋磕入碗内打散。

2. 锅内添入上汤烧开，依次放入猪肉、香菇、竹笋、胡萝卜煮 10 分钟，加入精盐、酱油、醋调味，用水淀粉勾芡，淋入蛋液成蛋花，撒入味精、葱末即可。

笋菇凤爪汤

原料： 鸡爪 100 克，干香菇 50 克，竹笋 150 克，高汤、精盐、鸡精、香油、姜各适量。

 制作：

1. 将鸡爪洗净剁成段，香菇用温水泡软洗净去蒂切两半，竹笋洗净切丁。

2. 锅内放入高汤、鸡爪、香菇、笋丁、精盐、鸡精，大火烧开，改小火煮至鸡爪熟透，淋入香油即可。

鸡血竹笋豆腐汤

原料：北豆腐 200 克，竹笋、鸡血各 100 克，猪瘦肉 50 克，鸡蛋 1 个，醋、淀粉、葱、精盐、胡椒粉、料酒各适量。

 制作：

1. 将豆腐、竹笋、鸡血、猪瘦肉均匀切成细丝，葱切丝；鸡蛋磕入碗内，加入精盐、淀粉调匀，煎成蛋皮再切成丝。

2. 将猪瘦肉丝加入精盐、淀粉、料酒拌匀，下入开水锅内略煮，放入豆腐、鸡血、竹笋、蛋皮丝，大火烧开，撒入精盐、葱末，淋入少许醋即可。

香菇竹笋鸭杂汤

原料：竹笋、鸭血各 100 克，鸭肫 5 个，鲜香菇 50 克，精盐适量。

 制作：

1. 将鸭血洗净切块，下入开水锅内汆一下，捞出洗净控水；鸭肫洗净改刀切花纹，香菇洗净切块，竹笋去皮洗净切丝。

2. 炖盅添入适量纯净水，加入鸭血、鸭肫、竹笋、香菇，盖盖，上锅蒸炖 2 小时，撒入精盐即可。

笋干鸭头汤

原料：鸭头 2 个，笋干 50 克，植物油、姜、鱼露各适量。

 制作：

1. 将笋干加温水泡发，洗净；姜切丝，鸭头洗净。

2. 炒锅注油烧热，下入姜丝煸香，放入鸭头炒干水分备用。

3. 将鸭头放入高压锅内，添入适量清水，放入笋干，加入鱼露，盖盖，大火烧开，出气后盖上减压阀，小火烧 30 分钟即可。

竹笋鸭胗糊

原料：竹笋 200 克，鸭胗 100 克，酱油、味精、黄酒、白糖、葱、姜、香油、胡椒粉、淀粉、植物油各适量。

 制作：

1. 将鸭胗洗净切成薄片，竹笋去壳洗净切片，葱切段，姜切片。

2. 炒锅注油烧至五成热，下入鸭胗炒至六成熟，盛出沥油。

3. 炒锅留底油烧热，下入竹笋片略炒，加入葱、姜、味精、胡椒粉、白糖，烹入黄酒、酱油，添入适量鲜汤，大火烧开，再放入鸭胗片煮熟，用水淀粉勾芡，淋入香油即可。

冬笋鹅掌汤

原料：鹅掌 500 克，冬笋 250 克，精盐、料酒、味精、香油、葱段、姜片各适量。

 制作：

1. 将鹅掌洗净，去爪尖剁成两半，放入砂锅内煮至八成熟。

2. 将冬笋去壳洗净，切成条，下入开水锅内焯一下，放入鹅掌砂锅内，煮至鹅掌、冬笋熟烂，加入葱、姜、料酒、精盐、味精，淋入香油即可。

鹌鹑笋菇汤

原料：鹌鹑肉 350 克，竹笋 100 克，鲜香菇 50 克，葱、姜、料酒、陈皮、精盐、味精、料酒各适量。

 制作：

1. 将竹笋去壳洗净切成薄片，香菇去蒂洗净切片，陈皮洗净切细丝，葱切段，姜切片。

2. 鹌鹑洗净切块，下入开水锅内略煮，捞出洗去血沫。

3. 将鹌鹑放入炖锅内，码上竹笋片、香菇片、陈皮，加入葱、姜、精盐、味精、料酒，倒入煮鹌鹑的原汤，大火烧开，盖盖小火煮 2 小时即可。

竹笋瓜皮鲤鱼汤

> 原料：鲜鲤鱼 1 条，竹笋、西瓜皮各 300 克，干红枣、眉豆各 50 克，姜、精盐、植物油各适量。

 制作：

1. 将竹笋去壳洗净切片，加水浸泡 4 小时；西瓜皮洗净切片，姜洗净切片，红枣洗净去核，眉豆洗净。

2. 将鲤鱼去鳃、内脏（不去鳞）及杂质洗净，下入五成热油锅煎至金黄。

3. 将鱼、西瓜皮、竹笋、姜、红枣、眉豆一同放入开水锅内，大火烧开，改小火，盖盖煮 2 小时，撒入精盐即可。

贵州酸汤鱼

> 原料：鲜鲤鱼 1 条，竹笋 300 克，番茄酸汤、泡酸菜、泡辣椒、番茄、精盐、味精、鸡蛋清、姜片、葱段、葱末、水淀粉、料酒、木姜油、植物油各适量。

 制作：

1. 将鲤鱼去鳞、鳃、内脏洗净，片下鱼肉改刀成片，加入少许精盐、料酒、水淀粉、鸡蛋清拌匀腌入味；鱼头切两半，鱼骨切成段。

2. 泡辣椒剁成蓉，泡酸菜切碎，竹笋、番茄分别切片。

3. 炒锅注油烧热，下入泡辣椒、泡酸菜炒香，加入番茄酸汤、番茄片、姜片大火烧开，放入鱼头、鱼骨、葱段、笋片中火煮15分钟，再加入鱼片略煮，淋入木姜油，撒入味精、葱末即可。

冬笋雪菜黄鱼汤

原料：大黄鱼 500 克，冬笋100 克，雪菜 50 克，植物油、香油、料酒、味精、胡椒粉、淀粉、葱、姜各适量。

 制作：

1. 将黄鱼去鳞、鳃、内脏洗净，冬笋去皮、根洗净切片，雪菜择洗干净切碎，葱切段、姜切片。

2. 炒锅注油烧热，放入黄鱼煎至两面略黄，加入适量清水、冬笋片、雪菜末、料酒、精盐、葱段、姜片大火烧开，改小烧15分钟，拣去葱、姜，撒入味精、胡椒粉，淋入香油即可。

竹笋芥蓝黄鱼汤

原料：大黄鱼 500 克，竹笋、芥蓝、冬菇、猪肉各 50 克，葱、姜、黄酒、精盐、味精、胡椒粉、植物油、香油各适量。

制作:

1. 将黄鱼去鳞、内脏、鳃，洗净控水；竹笋去壳洗净切厚片，冬菇去蒂洗净切片，芥蓝洗净切段，葱切段，姜切片，猪肉洗净切片。

2. 炒锅注油烧至六成热，下入黄鱼煎至两面略黄，加入葱、姜，烹入黄酒，添入适量清水，放入竹笋、芥蓝、猪肉片，大火烧开，改小火煮 20 分钟，撒入精盐、味精、胡椒粉，淋入香油即可。

竹笋鲫鱼汤

原料：笋尖 50 克，净鲜鲫鱼 1 条，精盐适量。

 制作:

1. 将笋尖洗净切薄片，鲫鱼去杂质洗净。

2. 炒锅注油烧热，下入鲫鱼煎至两面金黄，添入适量清水，大火烧开，放入笋片，小火煮至汤浓白，撒入精盐即可。

竹笋豆腐鲫鱼汤

原料：净鲫鱼 1 条，竹笋、豆腐各 100 克，金针菇、白萝卜各 50 克，葱段、姜片、料酒、精盐、鸡精、胡椒粉、香油、香菜、蒜苗末、植物油各适量。

制作：

1. 将鲫鱼洗净，竹笋、豆腐、白萝卜分别切片；金针菇洗净去老根，用焯过的香菜扎紧。

2. 将鲫鱼下入油锅两面煎至微黄，放入砂锅内，添入适量清水，加入葱、姜、料酒、鲫鱼大火烧开，小火煮至汤汁浓白，再放入金针菇、笋片、萝卜片略煮，最后加入豆腐煮5分钟，撒入精盐、鸡精、胡椒粉、蒜苗末，淋入香油即可。

竹笋香菇鲫鱼汤

原料： 净鲫鱼1条，鲜香菇、竹笋各100克，料酒、葱段、姜片、精盐、味精、植物油各适量。

 制作：

1. 将鲫鱼洗净，下入热油锅内煎至两面微黄；竹笋、蘑菇分别洗净切片。

2. 砂锅注少许油烧热，爆香葱、姜，添入适量热水，放入鲫鱼大火烧开，小火煮至汤汁浓白，下入笋片、蘑菇片略煮，加入精盐、味精即可。

竹笋芋头鲫鱼汤

原料： 净鲫鱼1条，竹笋、芋头各150克，猪瘦肉100克，大枣6枚，葱段、姜片、精盐、味精、黄酒、植物油各适量。

制作：

1. 将鲫鱼洗净，下入热油锅内煎至两面微黄；竹笋、芋头均去皮洗净切厚片；猪瘦肉洗净切丁，下入开水锅略煮，捞起洗净。

2. 砂锅内添入适量清水烧开，放入鲫鱼、猪肉、竹笋、芋头、大枣、葱、姜、料酒，大火烧开，改小火煮1小时，撒入精盐、味精即可。

竹笋草鱼汤

原料：鲜草鱼半条，竹笋100克，金华火腿25克，植物油、精盐、葱、姜、料酒各适量。

 制作：

1. 将草鱼加料酒、精盐腌入味，葱洗净切末，姜切片，火腿切末，竹笋洗净切片。

2. 炒锅注油烧热，下入姜片爆香，加入笋片翻炒，添入适量清水，大火烧开，放入草鱼，加入料酒、精盐烧40分钟，撒入火腿末、葱末即可。

豌豆竹笋草鱼汤

原料：净草鱼肉300克，滑子菇、鲜香菇、竹笋各50克，豌豆、姜片、胡椒粉、鸡精、精盐、水淀粉香油、料酒、鸡汤各适量。

制作:

1. 将草鱼肉切丁,加精盐、胡椒粉、料酒拌匀腌渍入味,下入开水锅内焯一下。

2. 将滑子菇、香菇、竹笋均切丁,同豌豆分别下入开水锅内焯一下,捞出备用。

3. 锅内倒入鸡汤,放入草鱼肉丁、滑子菇、香菇、竹笋烧开,加入精盐、胡椒粉,用水淀粉勾薄芡,淋入香油即可。

竹笋糟鱼汤

原料: 净青鱼 250 克,竹笋 150 克,白酒、花雕酒、精盐、味精、冰糖、姜、葱各适量。

制作:

1. 将青鱼洗净切成块,加入白酒、花雕酒拌匀腌入味;竹笋去壳洗净切块,葱切段,姜切片。

2. 锅内添入适量清水烧开,放入竹笋大火煮 10 分钟,再放入鱼块,加入精盐、味精、冰糖、葱、姜,小火煮 10 分钟即可。

竹笋鱼丸汤

原料: 净草鱼肉 400 克,竹笋 100 克,油菜心、料酒、精盐、味精、清汤各适量。

制作:

1. 将竹笋洗净切成片,下入开水锅内汆一下;草鱼肉剁成泥,油菜心洗净切成段。

2. 锅内添入适量清汤,大火烧开,鱼蓉挤成鱼丸放入锅内略煮,加入竹笋、菜心、料酒、精盐、味精煮片刻即可。

鱿鱼竹笋酸辣汤

原料: 鲜鱿鱼、竹笋各100克,香菇、胡萝卜各50克,鸡蛋1个,姜丝、香醋、胡椒粉、精盐、高汤、香油各适量。

 制作:

1. 将竹笋去皮洗净切丝,胡萝卜、香菇均洗净切丝,姜切丝;鱿鱼去杂质洗净切丝,下入开水锅内焯水,捞出过凉;鸡蛋磕入碗内打散。

2. 锅内添入高汤、适量清水烧开,放入鱿鱼丝、竹笋、香菇、胡萝卜、姜丝,加入香醋、胡椒粉、精盐,淋入蛋液成蛋花,最后淋入香油即可。

鲍鱼竹笋汤

原料: 鲍鱼、竹笋各100克,料酒、胡椒粉、精盐、味精、高汤各适量。

制作：

1. 将竹笋洗净切薄片，下入开水锅内焯一下，捞出控水；鲍鱼去杂质洗净切成薄片。

2. 锅内添入适量高汤，大火烧开，下入鲍鱼略煮，撇去浮沫，加入料酒、精盐、味精、胡椒粉调味即可。

鳝鱼竹笋汤

原料： 鳝鱼 200 克，竹笋 100 克，猪瘦肉 50 克，水发香菇 50 克，鸡蛋 1 个，陈皮、酱油、植物油、香油、精盐、料酒、高汤各适量。

 制作：

1. 将鳝鱼宰杀，去杂质洗净，下入开水锅内焯熟，去骨，撕成细丝；竹笋洗净切丝，下入开水锅内汆一下，捞出控水；猪瘦肉洗净切丝，下入开水锅内汆熟，捞出控水；香菇洗净去蒂切丝，陈皮浸软切丝，鸡蛋磕入碗内打散。

2. 炒锅注油烧热，倒入高汤，放入香菇、竹笋、陈皮、鳝鱼丝大火烧开，加入酱油、精盐、料酒略煮，下入猪肉丝，淋入鸡蛋液搅匀，滴入香油即可。

蚌肉竹笋豆腐汤

> **原料：**河蚌、咸肉、竹笋、豆腐各50克，葱段、姜片、料酒、精盐、胡椒粉各适量。

 制作：

1. 将河蚌剖开，去除肠、鳃等杂质，捶松蚌肉边缘，加入精盐搓去黏液，洗净，放入锅内，加入清水、葱、姜、料酒大火烧开，改小火煮5分钟，捞出洗净切小块；竹笋去壳洗净切斜刀块，下入开水锅内焯一下；豆腐切小块，下入开水锅内烫一下，捞出控水；咸肉切片。

2. 将河蚌、咸肉、竹笋一起放入锅内，添入适量清水大火烧开，改小火煮30分钟，加入豆腐略煮，撒入精盐、胡椒粉即可。

干贝竹笋汤

> **原料：**鲜竹笋150克，干贝25克，葱末、姜末、精盐、味精、香油各适量。

 制作：

1. 将干贝加水泡发，洗净；竹笋去皮洗净切滚刀块。

2. 将干贝、竹笋一起放入砂锅内，添入适量清水，大火烧开，烹入料酒，改小火煮30分钟，撒入葱末、姜末、精盐、味精略煮，淋入香油即可。

扇贝竹笋海鲜汤

原料：扇贝肉 250 克，海虾仁 100 克，竹笋 100 克，鸡精、胡椒粉、精盐、香油、蒜、葱、香菜各适量。

 制作：

1. 将扇贝肉洗净，沥干水分；葱、蒜均切末，竹笋洗净切小段，香菜择洗干净切末。

2. 汤锅添适量清水，放入扇贝肉、虾仁、笋段大火烧开，加入精盐、鸡精、蒜末、香油、胡椒粉，装入汤碗，撒上葱末、香菜末即可。

冬笋海蛎汤

原料：海蛎子 12 个，冬笋 50 克，精盐、味精、清酒、花椒叶各适量。

 制作：

1. 将海蛎子取肉洗净泥沙；冬笋洗净切片，下入开水锅内焯一下，捞出控水。

2. 锅内添入适量清水，大火烧开，放入海蛎子肉，煮至汤色变白，捞出海蛎子肉，撇去浮沫，放入冬笋片，加入精盐、精酒、味精、煮开盛入碗内，放入海蛎子肉、花椒叶即可。

三丝紫菜汤

原料：紫菜、竹笋、鲜香菇、
豆腐干各25克，植物油、酱油、
香油、精盐、味精、清汤各适量。

 制作：

1. 将紫菜、竹笋、香菇、豆腐干均切成细丝。

2. 炒锅注油烧热，倒入清汤大火烧开，放入紫菜、竹笋、香菇、豆腐干略煮，加入酱油、精盐、味精，淋入香油即可。

竹笋莼菜汤

原料：莼菜、竹笋、鲜香菇
各50克，精盐、料酒、清汤。

 制作：

1. 将莼菜洗净，竹笋洗净切细丝，香洗净去蒂切丝。

2. 锅内添入适量大火烧开，放入香菇、竹笋、莼菜略煮，淋入料酒，撒入精盐即可。

海米雪菜竹笋汤

原料：竹笋 100 克，雪菜 50
克，海米 25 克，香油、味精、料
酒、精盐、清汤各适量。

 制作：

1. 将海米加少温水泡软，雪菜切末，竹笋洗净切片。

2. 锅内添入适量清汤，放入海米、竹笋大火烧开，加入雪菜
末，撒入精盐、味精，淋入绍酒、香油即可。

蜗牛竹笋汤

原料：蜗牛肉 300 克，竹笋
100 克，鸡蛋清 100 克，豌豆苗、
淀粉、精盐、味精、胡椒粉、料
酒、鸡汤各适量。

 制作：

1. 将蜗牛肉切成片，加入料酒、精盐、味精、胡椒粉拌匀；
竹笋洗净，下入开水锅内炒熟，控水切片；豌豆苗洗净。

2. 锅内倒入鸡汤，放入竹笋片，加入精盐、味精、胡椒粉大
火烧开，再放入豌豆苗，倒入砂锅内。

3. 将鸡蛋清搅打起泡，加入淀粉搅匀，成蛋泡糊。

4. 将蜗牛肉片逐片蘸匀蛋泡糊，下入开水锅内烫熟，捞起放

入砂锅内即可。

竹笋鸽蛋汤

原料：鸽蛋 10 个，嫩竹笋 100 克，精盐、味精、胡椒粉、清汤各适量。

 制作：

1. 将竹笋去皮洗净切丁，下入开水锅内余一下。
2. 炒锅添入适量清水烧开，磕入鸽蛋小火煮热，捞出。
3. 锅内添入清汤烧开，加入精盐、胡椒粉、味精、竹笋略煮，放入鸽蛋即可。

泥鳅木耳竹笋汤

原料：泥鳅 200 克，水发木耳 50 克，竹笋 100 克，料酒、葱、姜、精盐、味精、植物油各适量。

 制作：

1. 将泥鳅用精盐反复揉搓，再用开水焯去黏液，剖腹去内脏，洗净沥干，下入热油锅内煎至微黄色；木耳洗净撕小朵，竹笋洗净切片，姜切片，葱切段。
2. 锅内添入适量清水，放入泥鳅、黑木耳、笋片，加入料酒、精盐、葱段、姜片大火烧开，小火煮至泥鳅熟烂，撒入味精调味即可。

糟醉冬笋

原料：冬笋 500 克，胡椒粉、料酒、精盐、醪糟汁、生鸡油、香油、味精各适量。

制作：

1. 将冬笋去外皮洗净，顺纹切成长条，下入开水锅内氽一下，捞出控水，加入清汤、醪糟汁、料酒、精盐、胡椒粉、味精拌匀腌入味。

2. 将冬笋条装入大碗内，放上洗净的生鸡油，用湿纸封严碗口，上锅蒸 30 分钟取出，拣去鸡油，将冬笋条码在盘内，淋入香油、适量原汁拌匀即可。

醉 香 笋 片

原料：竹笋 400 克，白糖、白酒、香油、精盐、味精、葱、姜各适量。

制作：

1. 将竹笋去壳洗净，下入开水锅内煮熟，捞出过凉，用刀拍松撕成条；葱切段，姜切片。

2. 将竹笋片加入葱段、姜片、白糖、白酒、精盐、味精、香油拌匀，上锅蒸 20 分钟即可。

糟冬笋片

原料：冬笋 500 克，香糟 250 克，黄酒、白糖、精盐各适量。

 制作：

1. 将冬笋肉下入开水锅内煮熟，捞出控水，切成块，再下入热油锅内略炒片刻，盛入盘内。

2. 炒锅放入香糟、黄酒、白糖、精盐烧热，装入干净的纱布袋内，扎紧口。

3. 将纱布袋放在冬笋块上约 2 小时，待香糟汁渗入笋肉即可食用。

冬菇蒸笋片

原料：鲜香菇、竹笋各 200 克，葱、姜、黄酒、味精、白糖、精盐、香油、葱、姜块各适量。

制作：

1. 将竹笋去皮、根洗净切厚片，葱切段，姜拍松切块。

2. 将冬菇去蒂洗净放在碗内，加葱、姜、黄酒、精盐拌匀，上锅蒸 20 分钟，去掉葱、姜。

3. 将竹笋片码在冬菇上，上锅再蒸 5 分钟，取出码在盘内。

4. 将蒸出的原汤加入味精、白糖烧开，淋入香油，浇在冬菇、竹笋上即可。

冬笋蒸猴头

原料：冬笋 150 克，猴头蘑、水发冬菇、火腿各 50 克，酱油、料酒、味精、清汤、葱末、姜末、植物油、水淀粉、精盐各适量。

 制作：

1. 将猴头蘑用开水泡透，去掉老根、杂质洗净，挤干水分，加入清汤、葱、姜、花椒，上锅蒸熟透。

2. 将猴头蘑、冬菇、冬笋、火腿均切成厚片，相间码在盘内，加入料酒、酱油、清汤、味精、精盐，上锅蒸熟，取出，原汤滗入炒锅内烧开，撇去浮沫，用水淀粉勾芡，撒入葱末、姜末，浇在盘内即可。

蒸鸡油四蔬

原料：口蘑罐头 350 克，油菜、竹笋、胡萝卜各 150 克，精盐、味精、淀粉、熟鸡油各适量。

 制作：

1. 将油菜择洗干净，下入开水锅内汆一下，捞出过凉，沥水对切成半；竹笋去老皮洗净切花刀片，胡萝卜洗净、去皮切花刀片，口蘑滤出汁备用。

2. 将笋片、胡萝卜、油菜、口蘑依次码在大盘内，口蘑汁加精盐、味精调匀，倒入盘内，上锅大火蒸 5 分钟。

3. 将盘内汤汁滗入锅内，大火烧开，用水淀粉勾芡，浇在盘上，淋入熟鸡油即可。

笋衣桃仁

原料：干笋衣 100 克，猪肉 150 克，核桃仁 100 克，鸡蛋 1 个，菜心 50 克，料酒、精盐、味精、姜末、葱末、蒜末、淀粉、植物油各适量。

 制作：

1. 将笋衣泡发洗净，加入精盐腌片刻，控水，平摊案板上，抹上淀粉；核桃仁炒熟，去外衣剁碎；猪肉剁成末。

2. 将核桃碎、猪肉末加入葱末、料酒、精盐、味精、蒜末、姜末搅拌均匀成馅料，分别包上笋衣成球状码盘，上锅蒸 10 分钟，取出。

3. 锅内添入适量清水，加入精盐，放入菜心略煮，撒入味精，用湿淀粉勾芡，浇在核桃球上即可。

青椒笋衣

原料：干笋衣 100 克，鲜红辣椒 100 克，精盐、味精、白糖、蒜泥、植物油各适量。

制作：

1. 将笋衣泡发，洗净切细丝：红辣椒洗净去蒂、籽切细丝。

2. 炒锅注油烧热，下入蒜泥煸香，放入笋丝翻炒片刻，加入精盐、白糖、少许水略焖，再加入辣椒丝、味精炒匀即可。

西兰花竹笋

原料： 西兰花、竹笋各 300 克，植物油、味精、精盐、料酒、淀粉、鸡汤各适量。

制作：

1. 将西兰花洗净掰小朵，下入开水锅内焯一下，捞出控水；竹笋洗净改刀成梳子片。

2. 炒锅注油烧热，倒入适量鸡汤，加入精盐、味精，放入西兰花烧入味，用水淀粉勾芡，盛在盘子周围。

3. 竹笋下入开水锅内焯一下，捞出装碗，加入鸡汤、料酒、精盐、味精，上锅蒸 15 分钟，取出扣入盘子中央。

4. 将原汁烧热，用水淀粉勾芡，淋少许熟油，浇在竹笋即可。

春笋培根包

原料： 春笋 400 克，培根 4 大片，豆腐皮 1 大张，猪肉馅 250 克，葱段、姜片、葱末、姜末、高汤、精盐、料酒、香油、淀粉、白糖、胡椒粉各适量。

制作：

1. 将春笋剥去外壳，下入开水锅内煮去涩味，捞出沥水分；培根切成小块。

2. 将猪肉馅加入葱、姜、香油、精盐、白糖、料酒、胡椒粉、淀粉顺时针搅拌上劲。

3. 将豆腐皮切成若干小正方形，每张填入适量猪肉馅包成百叶包，码入盘内，淋入高汤，上锅蒸 10 分钟。

4. 炒锅添入适量高汤，放入培根片、春笋、葱段、姜片大火烧开，改小火煮 10 分钟，倒入百叶包及汤汁，再煮 10 分钟，撒入精盐即可。

咸肉蒸春笋

原料：春笋 500 克，干咸肉 200 克，糯米酒、姜、生抽、白糖各适量。

 制作：

1. 将咸肉用温水洗净切薄片，春笋去外壳洗净切片，姜切片，葱切段。

2. 将春笋下入开水锅内焯一下，捞出控水。

3. 将干咸肉、春笋、姜片间隔码在碗内，倒入糯米酒，加入生抽、白糖，放入高压锅内蒸 15 分钟即可。

笋尖汽锅鸡

原料：笋尖干 150 克，嫩母鸡 1 只，料酒、姜片、精盐各适量。

 制作：

1. 将嫩鸡宰杀，去杂洗净，斩成大块；干笋泡发洗净。

2. 将笋尖、鸡块放入锅内，加入料酒、姜片、精盐、适量水，加盖，上锅蒸 1 小时即可。

酒酿竹笋清蒸鸭

原料：净鸭 1 只，竹笋 250 克，油菜 100 克，酒酿（江米酒）、黄酒、精盐、葱、姜、火腿、味精、淀粉克各适量。

制作：

1. 将鸭子抽出鸭舌，沿鸭脊顺长剖开，去杂质气管洗净，斩去鸭嘴壳，头颈斩成三段，鸭骨敲断皮连；竹笋洗净切片，下入开水锅内炒熟；火腿切成薄片，油菜择洗干净，葱切段，姜切片。

2. 锅内添入适量清水，大火烧开，下入鸭子，加料酒、葱段、姜片煮至断生，取出鸭子。

3. 将竹笋片塞入鸭子腹内装入容器内，放入葱段、姜片、酒酿（江米酒）、精盐、鸡汤，上锅大火蒸30分钟，改小火蒸至鸭肉酥烂，取出鸭子，鸭腹向上扣于盘内，火腿片码于鸭腹上。

4. 将蒸鸭原汤过筛，滗入锅内，放入油菜烫变色，捞出码在鸭子四周，锅内卤汁加入味精调味，用水淀粉勾薄芡，浇在鸭子上即可。

糯米竹笋牛肉卷

原料：竹笋、牛肉、糯米各100克，鸡蛋500克，鲜蘑菇、水发木耳各50克，葱、精盐、植物油、淀粉、味精、辣椒酱、香油各适量。

 制作：

1. 将牛肉洗净去筋膜剁碎，蘑菇、水发木耳均去蒂洗净切成末，竹笋去壳洗净切成末，葱切末；糯米淘洗干净加水浸泡4小时，控水备用。

2. 将鸡蛋磕入碗内打散，加入淀粉、精盐搅匀，下入热油锅内煎成若干薄皮，每张切成4片。

3. 炒锅注油烧至五成热，下入牛肉末煸炒片刻，放入鲜蘑、木耳、竹笋、葱末翻炒，撒入味精，淋入香油，用水淀粉勾芡，盛出，放入糯米拌匀成馅料。

4. 将鸡蛋皮包入馅料卷成卷，码入盘内，上锅蒸30分钟，食用时蘸辣椒酱即可。

青笋蒸牛尾

原料：牛尾 1 条，胡萝卜 100 克，青笋 250 克，鸡汤、葱段、姜片、精盐、味精、料酒各适量。

 制作：

1. 将牛尾洗净切成段；胡萝卜、青笋洗净去皮切滚刀块，分别下入开水锅内焯熟，捞出控水。

2. 锅内添入适量清水，大火烧开，加入葱段、姜片，放入牛尾煮熟，捞出洗净，再下入烧开的鸡汤内略煮，捞出。

3. 将牛尾放入大碗内，加入料酒、精盐、葱段、姜片、清水，盖盖，上锅蒸熟烂，放入胡萝卜、青笋再蒸 10 分钟即可。

荷叶竹笋蒸鳜鱼

原料：鳜鱼 1 条，竹笋 150 克，鸡胸肉 200 克，鸡蛋清 50 克，鲜荷叶 2 张，植物油、香油、味精、白糖、葱、姜、酱油、淀粉、料酒、精盐各适量。

 制作：

1. 将鳜鱼去鳞、头、内脏洗净，从脊背处入刀拆去脊骨（肚皮勿切断），斜切成块，加入葱段、姜片、料酒、酱油、白糖、精盐、味精拌匀腌入味；葱切段，姜切片；荷叶洗净，每张分成 4 等份，分别抹上香油待用。

2. 将鸡胸肉洗净去筋，切成丝，加入精盐拌匀腌片刻，再加入鸡蛋清、水淀粉拌匀挂浆；竹笋去壳洗净，下入开水锅内煮熟，捞出过凉切成细丝；香菇去蒂洗净切丝。

3. 炒锅注油烧热，下入鸡肉丝、竹笋丝炒至四成熟，加入味精、精盐、料酒炒匀盛出。

4. 将鱼肚内塞入适量鸡肉丝、冬菇丝、竹笋丝，用荷叶包好，码在大碗内，上屉蒸20分钟即可。

虾仁冬笋盒

> 原料：冬笋 300 克，虾仁 200 克，香油、料酒 10 克，淀粉、精盐、葱白各适量。

 制作：

1. 将冬笋洗净切成双连片，葱切末；虾仁剁成泥，加入葱末、精盐、香油拌匀成馅。

2. 在笋片夹层内拍上干淀粉，逐个塞入馅料，制成笋盒，码入盘内，上锅蒸熟即可。

冬笋虾卷

> 原料：冬笋肉 200 克，鲜虾仁 150 克，熟火腿末 25 克，鸡蛋清 1 个，葱末、味精、淀粉、料酒、植物油、精盐各适量。

制作：

1. 将虾仁剁成泥，加入料酒、味精、植物油、蛋清拌匀。

2. 将冬笋洗净，切成大薄片，逐片撒上干淀粉，放入虾泥抹平，再放上葱末、火腿末，两边向中间卷，全部卷好后码入盘内，上锅蒸熟即可。

竹笋墨鱼蜜瓜盅

原料：甜瓜 1 个，鲜虾、墨鱼、竹笋、鸡胸肉各 100 克，精盐、高汤各适量。

 制作：

1. 将甜瓜切去蒂，挖出瓜瓤；墨鱼去杂质洗净切小块，鲜虾去外壳、泥肠洗净，竹笋去皮洗净切小块；鸡胸肉洗净切小块，下入开水锅内烫一下，捞出控水。

2. 将墨鱼、鸡肉、竹笋、虾放入甜瓜内，加入适量高汤、精盐，盖上瓜蒂，装入碗内，上锅隔水炖 1 小时即可。

竹笋鲍汁酿豆腐

原料：南豆腐 400 克，虾仁、竹笋各 250 克，姜汁、料酒、精盐、鲍汁、白糖、生抽、水淀粉各适量。

制作：

1. 将豆腐切方块，中心挖洞；3/2 虾仁挑去泥肠，剁碎；竹笋去皮洗净剁碎。

2. 将挖出的豆腐、虾仁末、竹笋末一同加入姜汁、料酒、精盐拌匀，酿入豆腐洞内，每块豆腐放上 1 个虾仁。

3. 将豆腐块码入盘内，上锅大火蒸 5 分钟，取出。

4. 炒锅添入少许清水，加入生抽、白糖、鲍汁大火烧开，用水淀粉勾芡，浇在豆腐上即可。

乌龙戏佛手

原料：小冬笋 1000 克，河鳗 2 条，火腿肉、红樱桃、葱、姜、料酒、精盐、味精各适量。

 制作：

1. 将冬笋去壳洗净煮熟，过凉控水，切成若干佛手状；河鳗宰杀，去杂质洗净，在背上间隔斩刀（不可斩断）；火腿切片。

2. 将河鳗盘在盆内（头在中间），两只佛手笋合并放在两个鳗鱼头中间，四周码上若干佛手笋，放上火腿片，加入料酒、精盐、姜末、葱末、味精，上锅蒸 30 分钟取出；红樱桃对切，装饰在佛手上即可。

煎、炸、烤

黄泥烤笋

原料： 带壳冬笋 4 根，黄泥 500 克，酱油、精盐、姜末、味精、香油各适量。

 制作：

1. 将黄泥加入精盐、清水搅拌成泥糊，均匀地裹在冬笋外壳上，放入烤箱烤至黄泥干燥色白，取出。

2. 将冬笋去掉泥壳，剥去外皮，去根，切片装盘。

3. 将姜末、酱油、香油、味精拌匀调成味汁，浇在冬笋片上即可。

香酥桃仁鲜笋

原料： 牛尾笋 600 克，核桃仁 100 克，鸡蛋清 3 个，淀粉、面粉、味精、精盐、植物油各适量。

制作：

1. 将牛尾笋去壳、老根洗净，切成长条，下入开水锅内焯一卜，捞出控水；核桃仁泡涨去皮衣，下入六成热油锅内炸酥，捞出控油，拍碎。

2. 将鸡蛋清、淀粉、面粉、精盐、味精调成糊，加入核桃仁碎、笋条拌匀。

3. 炒锅注油烧至六成热，下入笋条炸至金黄色，捞出控油即可。

竹笋培根卷

原料： 培根片 150 克，嫩细竹笋段 200 克，烤肉料适量。

 制作：

1. 将烤肉料加入清水（1∶1）搅拌均匀，放入培根片浸泡 4 小时。

2. 将竹笋去皮洗净。

3. 将竹笋包上培根片，一端卷起，用竹签固定，放入预热180°的烤箱中层，烘焙 10 分钟即可。

嫩笋蔬菜烤翅

原料： 鸡翅中 600 克，胡萝卜 1 根，嫩竹笋尖 500 克，米酒、烤肉粉、烤肉酱各适量。

制作：

1. 将鸡翅洗净去骨，胡萝卜洗净切细条，竹笋去皮洗净切条。

2. 将鸡翅加入烤肉粉、米酒、烤肉酱拌匀腌渍 4 小时。

3. 将胡萝卜条、竹笋条塞入腌制好的鸡翅里，放入烤箱 250°烤 8 分钟即可。

麻辣竹笋鸡四件

原料：鸡胗、鸡肝、鸡心、鸡肠各 100 克，竹笋 150 克，子姜 50 克，干辣椒 25 克，花椒、精盐、醋、花生酱、咖喱汁、味精、淀粉、植物油各适量。

 制作：

1. 将鸡内脏（胗、肝、心、肠）分别去杂质洗净，均切成薄片，加水淀粉拌匀，下入六成热的油锅内炸熟，捞出沥油；竹笋洗净切成骨排片，下入开水锅内炒熟，捞出控水；子姜洗净，放入盐水内浸泡 30 分钟，捞出切成骨排片；干辣椒去蒂、籽。

2. 将鸡内脏、竹笋、子姜一同加入精盐、咖喱汁、味精、花生酱、醋拌匀装盘。

3. 炒锅注油烧至六成热，下入干辣椒、花椒炸香，捞出剁细，撒在盘内即可。

拔 丝 笋 块

原料：熟冬笋 500 克，鸡蛋
1 个，面粉、白糖、淀粉、植物
油各适量。

 制作：

1. 将冬笋切块，鸡蛋磕入碗内打散。

2. 将面粉加入鸡蛋液、少许水调成糊。

3. 将笋块拍上淀粉，蘸匀面糊，下入八成热油锅内炸至金黄
色，捞山控油。

4. 炒锅留少许油烧热，放入白糖，小火熬至融化变色，放入
笋块翻匀，盛出，食时蘸凉水即可。

挂 霜 冬 笋

原料：熟冬笋 500 克，面粉、
白糖、淀粉、植物油各适量。

 制作：

1. 将冬笋切成小块，面粉加少许水调成糊。

2. 将笋块拍上淀粉，蘸匀面糊，下入五成热油锅内炸至金黄
色捞出，待油温升至七成热，再下入炸片刻，捞出控油。

3. 炒锅添入适量清水，加入白糖，边熬边搅，待白糖全部融
化，改小火熬至糖浆浓稠起白沫，放入炸好的冬笋块翻炒至起白

霜，盛出即可。

糖 醋 笋 饼

原料：春笋 500 克，猪肉 100 克，虾仁 50 克，鸡蛋 1 个，面粉、精盐、白糖、味精、料酒、醋、酱油、淀粉、葱、植物油各适量。

 制作：

1. 将春笋去壳洗净煮熟，去两头，切成两片连在一起的夹刀片，加入精盐略腌片刻；葱切末，鸡蛋磕入碗内搅散。

2. 将猪肉、虾仁剁成泥，加入葱末、精盐、料酒、味精、酱油、拌匀成馅料，填入两片春笋内；面粉加入鸡蛋液、少许水调匀成糊。

3. 炒锅注油烧至五成热，将笋片挂匀面糊下入锅内，炸至淡黄色，捞出，待油温升至八成热，再下入炸至金黄色，捞出控油。

4. 锅内留少许油烧热，加入酱油、醋、白糖、味精、少许水烧开，用湿淀粉勾芡，倒入笋饼翻匀，撒上葱末即可。

凉　　拌

红 油 笋 丝

原料：竹笋 450 克，香葱、辣椒油、香油、精盐、味精、酱油、白糖各适量。

 制作：

1. 将竹笋取笋尖洗净，撕成细丝，下入开水锅内焯熟，捞出控水装盘；香葱洗净切末。

2. 将辣椒油、香油、精盐、味精、白糖、酱油调成红油味汁，浇在笋丝上拌匀，撒上香葱末即可。

凉拌竹笋黄瓜

原料：黄瓜、竹笋各250克，黑木耳、蒜、姜、小葱、干辣椒、花椒、精盐、白糖、醋、香油、植物油各适量。

制作：

1. 将木耳用温水泡发，洗净撕小朵；葱、姜、蒜均切末；竹笋、黄瓜分别洗净，均切成滚刀块。

2. 锅内添水烧开，分别下入竹笋、木耳焯一下，捞出沥水。

3. 炒锅注油烧热，下入葱末、姜末、蒜末、干辣椒、花椒爆香成调味油。

4. 将竹笋、黄瓜、木耳盛入容器内，浇入调味油，撒入精盐、白糖，淋入少许醋、香油拌匀即可。

冬笋炝豆芽

原料：黄豆芽 400 克，冬笋 200 克，猪瘦肉 100 克，花椒油、水淀粉、精盐、鸡精、料酒、香油、葱、姜、植物油各适量。

 制作：

1. 将黄豆芽择洗干净，冬笋肉切成粗丝，分别下入开水锅内焯一下，捞出沥水；葱、姜均切丝，下入热油锅内炸成葱姜油。

2. 将猪肉洗净切成丝，加入水淀粉上浆，下入开水锅内汆水，捞出沥水晾凉。

3. 将黄豆芽、冬笋丝、猪肉丝一起加入香油、花椒油、葱姜油、精盐、鸡精拌匀即可。

葱 油 鞭 笋

原料：鞭笋 300 克，葱、香油、精盐、味精各适量。

制作：

1. 将鞭笋切滚刀块，葱切末。

2. 将鞭笋块下入开水锅内焯片刻，捞出过凉控水装盘。

3. 将香油烧热，加入葱末、精盐、味精调匀，淋入鞭笋块拌匀即可。

双笋拌茼蒿

原料：茼蒿 500 克，玉米笋、竹笋各 100 克，姜末、白芝麻、精盐、生抽、香油、味精各适量。

 制作：

1. 将茼蒿择洗干净，竹笋去皮洗净切丝，玉米笋切丝。

2. 将茼蒿下入开水锅内焯一下，捞出过凉控水；竹笋丝、玉米笋丝分别下入开水锅内焯一下，捞出过凉控水。

3. 将茼蒿、竹笋丝、玉米笋丝一同加入精盐、生抽、香油、味精拌匀，撒上白芝麻即可。

黄豆芽拌冬笋

原料：冬笋 250 克，黄豆芽 200 克，火腿肠 75 克，精盐、味精、白糖、花椒油、香油各适量。

制作：

1. 将黄豆芽择洗干净，下入开水锅内烫一下，捞出过凉沥水；火腿肠切成丝；冬笋去外皮、根洗净，切成粗丝，下入开水锅内略煮，捞出过凉沥水。

2. 将冬笋丝、豆芽、火腿丝一同加入精盐、味精、白糖、香油拌匀装盘，浇入热花椒油即可。

绿豆芽拌春笋

原料：绿豆芽 100 克，春笋 250 克，鲜红椒 1 个，精盐、蒜末、葱油、辣椒油各适量。

 制作：

1. 将绿豆芽择洗干净，下入开水锅内焯一下，捞出过凉控水；春笋去皮洗净切丝，下入开水锅内焯熟，捞出控水；红椒去蒂、籽洗净切丝。

2. 将笋丝、绿豆芽、红椒丝装入容器，加入精盐、蒜末、辣椒油拌匀，最后浇入烧热的葱油拌匀即可。

拌 双 笋

原料：竹笋 500 克，莴笋 250 克，香油、白糖、精盐、味精、料酒、姜各适量。

制作：

1. 将莴笋洗净去皮切滚刀块，竹笋去皮洗净切滚刀块，分别下入开水锅内焯熟，捞出控水；姜切末。

2. 将竹笋、莴笋一同加入精盐、料酒、味精、白糖、姜末、香油拌匀即可。

香 菇 炝 笋

> **原料：** 竹笋250克，干香菇50克，料酒、葱、姜、淀粉、植物油、精盐、白糖、高汤各适量。

 制作：

1. 将香菇泡发洗净去蒂切丝，下入开水锅内焯熟，捞出装盘。

2. 将竹笋洗净切丝，下入开水锅内焯熟，装入香菇盘内；葱、姜均切末。

3. 炒锅注油烧热，下入葱、蒜爆香，加入料酒、精盐及少许高汤烧开，用水淀粉勾薄芡，浇在竹笋、香菇上即可。

笋丝海带胡萝卜

> **原料：** 熟春笋300克，海带丝、胡萝卜各100克，绿豆芽50克，精盐、酱油、醋、鸡精、蒜、香油、小葱、胡椒粉各适量。

制作：

1. 将胡萝卜、春笋均切丝，胡萝卜下入开水锅内，滴少许油，焯一下，捞出过凉控水；绿豆芽择洗干净，下入开水锅内焯一下，捞出过凉控水；海带下入开水锅内焯一下，捞出过凉控水。

2. 将葱、蒜切末，加入香油、精盐、鸡精、胡椒粉、醋、酱油调成味汁。

3. 将胡萝卜丝、春笋丝、海带丝一同码入盘内，淋上味汁拌匀即可。

凉拌素什锦

原料： 竹笋、芹菜各50克，粉丝、海带、胡萝卜、香干、莴笋、葱头、精盐、味精、白糖、香油、辣椒油、生油各适量。

制作：

1. 将竹笋去老皮洗净切细丝，海带洗净切丝，芹菜择洗干净切丝，胡萝卜洗净切丝，莴笋去皮洗净切丝，分别下入开水锅内焯熟，捞出控水；豆腐干切丝，葱头去外皮洗净切丝，粉丝用热水泡软切长段。

2. 将所有拌菜装入容器内，加入精盐、味精、白糖、辣椒油、香油、生抽拌匀即可。

腌 笋 丝

原料：竹笋 500 克，蒜末、姜末、精盐、辣椒粉、辣椒油、香油、白糖各适量。

 制作：

1. 将竹笋去皮洗净切丝，加入精盐腌渍 3 小时，挤去盐水。

2. 将笋丝加入蒜末、姜末、精盐、辣椒粉、辣椒油、香油、白糖搅拌均匀，放入密封罐内冷藏腌渍至入味即可。

醉 竹 笋

原料：熟竹笋尖 300 克，桂皮、大料、高粱酒、精盐各适量。

 制作：

1. 将笋尖拍松，加入高粱酒、桂皮、大料、精盐拌匀，装入容器内，盖盖，浸泡 12 小时。

2. 拣去桂皮、大料，取出笋尖切块装盘即可。

鲜笋色拉

原料：绿竹笋1只，甜味色拉酱适量。

 制作：

1. 将竹笋去皮及去粗老部分，洗净切成块，下入开水锅内煮熟，捞出控水晾凉。

2. 将竹笋块淋上色拉酱拌匀，放入冰箱冷藏15分钟即可食。

竹笋什锦沙拉

原料：芦笋、蟹味菇、荸荠各100克，水发海带丝50克，红椒丝、蒜末、姜丝、精盐、白糖、鸡精、醋、香油各适量。

 制作：

1. 将海带丝、蟹味菇分别下入开水锅内焯熟，捞出沥水晾凉。

2. 将芦笋去老根，下入开水锅内，加入精盐、鸡精煮熟，捞出沥水晾凉切块；荸荠去皮洗净炒熟，沥水晾凉切块。

3. 将芦笋、荸荠、蟹味菇、海带一同装入容器内，加入蒜末、香油、醋、精盐、白糖拌匀，撒上红椒丝点缀即可。

绿茶色拉笋块

原料：竹笋 400 克，绿茶粉、色拉酱、花生粉各适量。

 制作：

1. 将竹笋洗净，连外壳下入锅内，加清水大火烧开，改用小火煮至熟透，去皮切成块，放入冰箱冷藏。

2. 将绿茶粉、色拉酱、花生粉调匀成酱汁，装入挤花袋内。

3. 将凉笋取出装盘，挤入酱汁拌匀即可。

杨梅手剥笋

原料：手剥笋 400 克，杨梅、蓝莓（干）、白糖、苹果醋各适量。

制作：

1. 将手剥笋剥去外皮。

2. 将杨梅加适量清水、白糖略煮，放入手剥笋，大火烧开后煮 10 分钟。

3. 将煮好的手剥笋装碗，加少许苹果醋浸泡 40 分钟，放入冰箱，随吃随取，食时撒上蓝莓干即可。

蜜汁糖笋

原料：熟冬笋 500 克，白糖、蜂蜜、桂花糖各适量。

制作：

1. 将冬笋切成长条，下入开水锅内烫一下，捞出控水。

2. 将笋条放入大碗内，加入白糖、蜂蜜、桂花糖搅拌均匀，腌渍 10 小时即可。

蛋皮笋丝

原料：嫩笋尖 200 克，火腿 50 克，鸡蛋 2 个，香菜、蒜末、白醋、精盐、鸡精、香油、植物油各适量。

制作：

1. 将火腿切丝，香菜择洗干净切碎末；笋尖下入开水锅内焯熟，捞出控水切丝；鸡蛋磕入碗内打散。

2. 煎锅注少许油烧至六成热，淋入蛋液摊成蛋皮，晾凉，切丝。

3. 将火腿丝、笋丝、蛋皮丝一同加入精盐、蒜末、白醋、香油、鸡精拌匀，撒上香菜末即可。

酱 笋 条

原料：春笋 600 克，豆瓣酱、江米酒、白糖各适量。

 制作：

1. 将春笋去壳、老根，洗净，下入开水锅内小火煮 40 分钟，取出晾凉切成条。

2. 将豆瓣酱、江米酒、白糖搅拌均匀制成腌酱，放入笋条拌匀腌入味即可。

鲜 味 醋 笋

原料：嫩冬笋 500 克，醋、白糖、味精、精盐、香油各适量。

 制作：

1. 将冬笋洗净切成条，下入锅内，添入适量清水，加入精盐，大火烧开，小火煮 20 分钟收汁。

2. 将笋条放入盆内，加入醋、白糖、精盐、味精搅拌均匀，腌渍入味，取山，淋入香油即可。

冬笋炝油菜

原料：油菜、鲜冬笋各 300克，精盐、味精、花椒油各适量。

 制作：

1. 将冬笋去外皮洗净，拍扁掰成劈柴状，下入开水锅内煮 5分钟，捞出沥水，加入精盐、味精拌匀腌入味。

2. 将油菜择洗干净切成段，下入开水锅内焯一下，捞出沥水，加入精盐、味精拌匀腌入味。

3. 将油菜垫在盘底，放上冬笋，浇上热花椒油即可。

酱胡萝卜笋尖

原料：胡萝卜 500 克，竹笋350 克，酱油、芝麻酱、白糖、辣椒油、花椒粉、精盐、味精各适量。

 制作：

1. 将笋尖去外皮、根洗净，切成长条，加入适量精盐拌匀腌渍 2 小时，用水洗净。

2. 将胡萝卜去根洗净，切成长条，下入开水锅内焯一下，捞出沥水。

3. 将芝麻酱慢慢加入酱油调匀，再加入白糖、辣椒油、花椒粉、味精搅匀成味汁。

4. 将胡萝卜、笋条一同加入味汁拌匀腌渍 24 小时即可。

五彩水晶冻

原料： 肉片 300 克，竹笋、青椒、水发木耳、火腿各 75 克，葱、姜、精盐、料酒、味精、花椒、大料各适量。

 制作：

1. 将竹笋、青椒、水发木耳分别洗净，下入开水锅内烫一下，捞出控水；火腿切丝，葱切段，姜切片，肉皮洗净切小块。

2. 锅内添入适量清水，放入肉皮，大火烧开，撇去浮沫，加入花椒、大料、葱段、姜片，改小火煮至肉皮熟透，捞出控水晾凉，剁成泥，放回锅内，再添入适量新汤，加入精盐、料酒、味精大火烧开，改小火煮 30 分钟，放入火腿、竹笋、青椒、水发木耳稍煮，关火晾凉至凝固即可。

冬笋芹黄拌鸡丝

原料： 鸡胸肉、竹笋、芹黄各 100 克，精盐、味精、料酒、胡椒粉、鸡蛋清、淀粉、香油各适量。

 制作：

1. 将鸡胸肉洗净切成丝，加入料酒、精盐、味精、胡椒粉、鸡蛋清、淀粉拌匀；芹黄择洗干净切成段，竹笋去皮、根洗净切成丝。

2. 将鸡丝下入开水锅内焯熟，捞出控水；芹黄、竹笋丝分别下入开水锅内焯熟，捞出过凉控水。

3. 将鸡丝、竹笋丝、芹黄一起加入精盐、味精、香油拌匀即可。

海米拌笋椒

> 原料：海米 100 克，青尖辣椒、鲜竹笋各 150 克，花椒油、姜末、精盐、味精各适量。

 制作：

1. 将辣椒洗净去蒂、籽切成丝；竹笋去皮、根洗净切丝，下入开水锅内焯熟，捞出过凉沥水；海米用温水泡软。

2. 将辣椒丝、竹笋丝一同装盘，加入海米、姜末、花椒油、精盐、味精拌匀即可。

竹笋拌螺片

> 原料：海螺肉 300 克，竹笋 100 克，豌豆、精盐、味精、料酒、葱汁、姜汁、蒜、红尖椒、香油、花椒油各适量。

制作：

1. 将海螺肉洗净切成薄片，加入料酒、葱汁、姜汁拌匀腌渍片刻，下入七成热油锅内滑熟，捞出沥油。

2. 将竹笋洗净切片，下入开水锅内焯熟，捞出控水；大蒜洗净捣成蒜泥，红尖椒洗净去蒂、籽切成末；豌豆洗净，下入开水锅内焯熟，捞出沥水。

3. 将海螺肉片、笋片、豌豆一同装入盘内，加入精盐、味精、香油拌匀。

4. 炒锅倒入少许花椒油烧热，下入蒜泥、红椒末煸出香味，浇在螺肉片上即可。

竹笋龙虾沙拉

原料： 活龙虾 1 只，嫩绿竹笋 1 只，土豆 100 克，原味色拉酱适量。

 制作：

1. 将龙虾洗净，下入开水锅内煮至变红，捞出控水晾凉，去外壳取出虾肉，去泥肠，切斜块。

2. 将竹笋剥壳洗净，去掉粗老部分，切细丁，下入开水锅内焯一下，捞出晾凉；土豆去皮切丁，下入开水锅内焯熟，捞出晾凉。

3. 将竹笋装入盘内，先码上土豆丁，再放入龙虾块，最后淋上色拉酱即可。

主　食

竹笋培根焗饭

原料：竹笋、芦笋、胡萝卜、培根、芝士各100克，蒜末、米饭、橄榄油、精盐各适量。

 制作：

1. 将竹笋、芦笋、胡萝卜分别洗净切小丁，米饭用微波炉加热2分钟，芝士刨成丝。

2. 炒锅注油烧热，下入蒜末爆香，加入培根、竹笋、芦笋、胡萝卜翻炒片刻，撒入精盐炒匀，盛在热米饭上，撒上芝士丝。

3. 烤箱预热至200℃，将米饭放入中层，用上下火烤至芝士浅黄色融化即可。

雪菜笋干饭

原料：米饭300克，净鱼肉100克，笋干25克，虾仁、雪里红各50克，植物油、香油、高汤、白胡椒粉、精盐、味精、香葱、姜各适量。

制作：

1. 将笋干加水泡软，洗净切丝；虾仁洗净，挑去泥肠；雪里红洗净切碎，鱼肉切片，香葱洗净切末，姜切末。

2. 炒锅注油烧热，下入虾仁、鱼片炒熟，盛出备用。

3. 炒锅注油烧热，下入葱花、姜末爆香，放入雪里红、笋丝翻炒，加入高汤、白胡椒粉、精盐、味精，小火收汁，最后放入虾仁、鱼片、米饭炒匀即可。

竹笋粳米粥

原料：竹笋 50 克，粳米 100克。

 制作：

1. 将鲜竹笋去老皮洗净切丁；粳米淘洗干净，加水浸泡 30分钟。

2. 将粳米、竹笋丁一同放入锅内，添入适量清水煮成粥即可。

竹笋瘦肉粥

原料：粳米、竹笋各 100 克，猪瘦肉 50 克，精盐、味精、香油、葱、姜各适量。

制作：

1. 将猪肉、葱、姜均切成末，竹笋煮熟切成细；粳米淘洗干净，加水水浸泡 30 分钟，捞出沥水。

2. 锅内注少许香油烧热，下入猪肉末煸炒变色，放入笋丝、葱末、姜末翻炒，撒入精盐、味精炒匀，盛出备用。

3. 将粳米放入锅内，添入适量清水，大火烧开，改小火煮成粥，放入笋丝、肉末略煮即可。

竹笋虎杖粥

原料： 嫩虎杖芽 50 克，粳米 100 克，竹笋 100 克，香油、精盐、味精各适量。

 制作：

1. 将竹笋去壳洗净，下入开水锅内略煮，捞出切碎末；粳米淘洗干净，虎杖芽洗净切末。

2. 将粳米放入锅内，添入适量清水大火烧开，改小火煮熟，加入笋丝、虎杖芽末煮 5 分钟，淋入香油，撒入精盐、味精搅匀即可。

蜜枣竹笋雪耳粥

原料： 竹笋 100 克，小米 50 克，蜜枣 25 克，水发银耳 50 克，陈皮适量。

制作：

1. 将陈皮加水浸软洗净，蜜枣洗净，小米淘洗干净，竹笋去老皮洗净切小丁，银耳洗净撕小朵。

2. 锅内添入适量清水，放入竹笋、小米、蜜枣、银耳、陈皮，大火烧开，改小火煮至米烂成粥即可。

竹笋咸菜肉丝粥

原料： 米饭 150 克，竹笋 100 克，猪瘦肉、嫩青豆各 50 克，腌芥菜头、精盐、白糖、酱油、植物油各适量。

 制作：

1. 将芥菜头洗净切成细丝，猪肉、竹笋分别切成细丝；青豆洗净。

2. 炒锅注油烧热，下入青豆略炒，加入咸菜丝、猪肉丝、竹笋丝翻炒，撒入精盐、白糖，淋入酱油炒匀盛出备用。

3. 煮锅添入适量清水大火烧开，放入米饭打散，加入炒好的配菜，大火煮 5 分钟即可。

春笋糯米粥

原料： 糯米 100 克，春笋 100 克，小葱、精盐、鸡精各适量。

制作：

1. 将春笋去外皮洗净，切成薄片；糯米淘洗干净，小葱洗净切末。

2. 将糯米放入锅内，添入适量清水，大火烧开，改小火煮至糯米熟，加入春笋片煮片刻，撒入精盐、鸡精、葱末即可。

香菇竹笋鲜肉饺

原料： 竹笋 150 克，干香菇 50 克，猪五花肉末 400 克，胡萝卜 100 克，鸡蛋 1 个，饺子皮、精盐、料酒、葱、姜、香油各适量。

 制作：

1. 将香菇泡发，洗净切末；胡萝卜洗净切末，竹笋洗净焯水切末，鸡蛋打散。

2. 将五花肉末加入料酒、精盐、鸡蛋液、适量水搅匀，再加入香菇、胡萝卜、竹笋末搅拌均匀成黏稠馅料。

3. 将饺子皮填入适量馅料捏成饺子，下入开水锅内煮熟即可。

鲜笋馄饨

原料： 鲜笋 300 克，猪瘦肉 250 克，精盐、鸡精、酱油、葱、馄饨皮、香油各适量。

制作：

1. 将猪肉剁成末，葱切末，笋去老皮洗净切碎粒，一起加入酱油、鸡精、精盐、香油拌匀成馅料。

2. 将馄饨皮填入适量馅料捏紧，下入开水锅内煮熟即可。

猪肝笋尖粥

原料：粳米 100 克，竹笋 100 克，猪肝 50 克，葱、姜、料酒、精盐、味精、淀粉各适量。

 制作：

1. 将粳米淘洗干净，加水浸泡 30 分钟，放入锅中，添入适量清水大火烧开，改小火煮成粥备用；葱、姜均切末。

2. 将竹笋洗净切薄片，下入开水锅内焯一下，捞出控水；猪肝洗净切薄片，加入料酒、精盐、淀粉拌匀腌渍入味，下入开水锅内焯熟，捞出沥水。

3. 将竹笋片、猪肝片、高汤一同放入粥内，大火烧开，加入精盐、味精调味，撒入葱末、姜末即可。

翡翠竹笋虾饺

原料：澄粉 300 克，玉米淀粉 150 克，菠菜 500 克，鲜虾 500 克，猪肉、竹笋各 100 克，精盐、白糖、姜汁、料酒各适量。

制作:

1. 将鲜虾挑去虾线，去头、壳取虾肉洗净，同猪肉一起剁碎；竹笋洗净剁碎；菠菜择洗干净切碎，放入榨汁机内榨汁。

2. 将虾仁、猪肉、竹笋加入精盐、白糖、姜汁搅拌均匀成馅料。

3. 将澄粉、淀粉加入烧开的菠菜汁搅匀和成光滑面团，盖上保鲜膜醒 15 分钟，搓成长条，切成小剂，擀成饺子皮，包入馅料，捏成饺子，上蒸锅蒸 10 分钟即可。

菠萝竹笋虾仁饺

原料: 菠萝、竹笋各 100 克，虾仁 250 克，面粉 300 克，鸡蛋 1 个，鸡蛋清 1 个，精盐、味精、胡椒粉、植物油各适量。

 制作:

1. 将虾仁挑去泥肠，用纸巾吸干水分，加入精盐、味精、胡椒粉、鸡蛋清搅拌均匀。

2. 将菠萝去皮切成细粒，竹笋去老皮煮熟细粒，一同加入虾仁、精盐、味精、植物油拌匀成馅料。

3. 将面粉加入少许精盐、鸡蛋液、适量清水搅拌均匀成面团，醒 30 分钟，制成饺子皮，填入馅料捏成饺子，煮熟即可。

笋丁茯苓包

原料：面粉 500 克，竹笋 300 克，茯苓 100 克，龙须草 250 克，姜皮、红花、白糖、植物油、红丝、绿丝、酵母粉各适量。

制作：

1. 将竹笋去皮洗净，下入开水锅内略煮，捞出切碎丁；龙须草洗净，下入开水锅内烫一下，捞出挤干剁成末；姜皮洗净切末。

2. 将茯苓洗净烘干研成粉，加入植物油、笋丁、龙须草末、姜皮末、红花、红丝、绿丝、白糖、少许清水搅拌成馅备用。

3. 将面粉加水、酵母粉和成面团，醒 10 分钟，搓成条，切成剂子，擀成皮，包入馅料，上锅蒸熟即可。

雪菜冬笋包

原料：猪肉 300 克，雪菜、冬笋各 200 克，面粉 500 克，白糖、植物油、酱油、精盐、胡椒粉、味精、水淀粉、泡打粉、酵母粉各适量。

制作：

1. 将面粉加适量酵母粉、泡打粉、白糖混合均匀，加适量清水搅拌均匀，揉成光滑面团，醒 30 分钟。

2. 将猪肉洗净煮熟，捞出切成肉丁；冬笋去皮洗净切碎丁，雪菜洗净切末。

3. 炒锅注油烧热，下入肉丁、笋丁，加入白糖、酱油、精盐、胡椒粉、味精、雪菜末翻炒均匀匀，淋入水淀粉勾芡成馅料。

4. 将发好的面团分成剂子，擀成面皮，包入馅料，捏成包子，上锅蒸熟即可。

竹笋酱肉包

原料：酱猪肉 500 克，竹笋 500 克，葱、姜、蒜、甜面酱、面粉、植物油各适量。

 制作：

1. 将酱猪肉切成小丁，竹笋去皮洗净切成小丁，葱、姜、蒜均切末。

2. 炒锅注油烧热，下入酱肉丁，加葱、姜、蒜炒出油，再加入甜面酱慢慢炒匀，最后放入竹笋丁炒匀成馅料。

3. 将面粉和好发成面团，醒好后揉成条，分成小剂子，擀成皮，填入酱肉馅料，包成包子，上蒸锅蒸熟即可。

竹笋香菇酱肉包

原料：猪肉 500 克，鲜香菇、竹笋各 400 克，葱末、姜末、精盐、老抽、冰糖、甜面酱、鸡精、胡椒粉、香油、面粉、酵母、白糖、碱水各适量。

制作：

1. 将猪肉洗净切大快，下入开水锅内烫一下，捞出切小丁；香菇、竹笋洗净均切小丁。

2. 炒锅注油烧热，下入葱末、猪肉丁、冰糖翻炒片刻，再放入笋丁、香菇丁略炒，加入老抽、少许甜面酱、姜末、胡椒粉翻炒至汤汁收干，撒入鸡精，淋入香油炒匀成馅料备用。

3. 将面粉和好发成面团，醒好后揉成条，分成小剂子，擀成皮，填入酱肉馅料，包成包子，上蒸锅蒸熟即可。

水晶竹笋萝卜卷

原料：白萝卜 800 克，里脊肉 500 克，竹笋 300 克，干香菇 50 克，香葱、姜、黄酒、白糖、精盐、生抽、香油、植物油各适量。

 制作：

1. 将香菇用温水泡发，洗净切碎；竹笋洗净切细丁，葱、姜切碎末。

2. 将里脊肉剁碎，加入香菇、竹笋、葱、姜、黄酒、白糖、精盐、生抽、香油搅拌均匀成馅料备用。

3. 将萝卜洗净，切成长方形块，再切成长方形薄片，下入加盐的开水锅内焯软，捞出过凉沥水。

4. 将萝卜薄片摊平，填入馅料，从一边卷起制成萝卜卷，上锅蒸 8 分钟即可。

竹笋牛肉鸡蛋卷

原料：牛肉 100 克，竹笋 150 克，鸡蛋 500 克，糯米 100 克，鲜蘑菇 100 克，水发木耳 50 克，葱 50 克，精盐、植物油、淀粉、味精、辣椒酱、香油各适量。

制作：

1. 将牛肉洗净去筋膜剁成末，竹笋洗净剁成碎末；蘑菇、水发木耳去蒂洗净，均切成末；葱切末，糯米淘洗干净。

2. 炒锅注油烧至五成热，下入牛肉末煸炒，加入蘑菇末、木耳末、竹笋末、葱末翻炒片刻，撒入味精，淋入香油，用水淀粉勾芡，与糯米拌匀制成馅料备用。

3. 将鸡蛋磕入碗内打散，加入淀粉、精盐搅匀，摊成若干薄饼，晾凉后每张切成 4 片，逐片填入馅料，卷成长条，切去两端，竖着码入容器里，上锅大火蒸 30 分钟，取出晾凉，蘸食辣椒酱即可。

竹笋牛肉包

原料：面粉 500 克，牛肉 300 克，竹笋 150 克，芹菜 50 克，植物油、豆瓣、姜、酱油、精盐、花椒粉、胡椒粉、味精、酵母粉、苏打粉各适量。

制作：

1. 将面粉加入适量清水、酵母粉和成面团，发酵后加入适量小苏打揉匀，用湿布盖好，醒约 10 分钟。

2. 将牛肉洗净切成小粒，竹笋、芹菜分别洗净切成小粒，豆瓣刹细，姜切末。

3. 炒锅注油烧至六成热，下入牛肉炒散，放入豆瓣炒至色红味香，加入姜末、竹笋、酱油翻炒片刻盛出，再入胡椒粉、花椒粉、芹菜、精盐、味精拌匀即成馅料。

4. 将醒好的面团揉匀，制成剂子，擀成皮，填入适量馅料包成包子，上锅蒸 15 分钟即可。

竹笋银芽虾仁卷

原料： 猪瘦肉丝 300 克，虾仁 150 克，银芽、竹笋、韭黄各 100 克，春卷皮、植物油、生抽、香油、胡椒粉、淀粉、鸡精、白糖各适量。

 制作：

1. 将猪肉丝加少许白糖、鸡精、生抽、淀粉搅拌上劲；虾仁加精盐、胡椒粉、淀粉搅拌上劲。

2. 将银芽去头洗净，竹笋洗净切丝，韭黄择洗干净切粒。

3. 炒锅注油烧热，分别下入肉丝、虾仁滑散，盛出控油。

4. 炒锅注油烧热，下入银芽、竹笋略炒，加入精盐、鸡精，放入肉丝、虾仁翻炒片刻，再放入韭黄粒，淋入香油拌匀成馅料。

5. 将春卷皮填入适量馅料，卷起，两边抹上水淀粉叠起封口。

6. 煎锅注少许油烧至六成热，放入春卷生坯，中火煎至两面金黄香酥即可。

酸辣笋丝汤面

> **原料：** 宽面条 250 克，猪里脊肉、水发海参、竹笋各 100 克，北豆腐 50 克，鸭血 50 克，胡椒粉、辣椒油、酱油、醋、味精、精盐、香油、淀粉、香葱、高汤、植物油各适量。

 制作：

1. 将猪肉、水发海参、竹笋、豆腐、鸭血均切条，葱切末。

2. 炒锅注油烧热，下入葱丝爆香，加入猪肉丝、笋丝略炒，加入精盐、醋、味精、精盐翻炒，倒入高汤烧开，再放入豆腐、鸭血、海参略煮，用湿淀粉勾芡，淋入辣椒油，撒入胡椒粉、葱末成酸辣汤。

3. 将宽面条煮熟，捞出沥干水分盛入碗内，浇入酸辣汤拌匀即可。

竹笋牛肉炒米粉

> **原料：** 米粉 250 克，牛里脊肉 225 克，四季豆 50 克，竹笋 100 克，鸡蛋清 1 个，胡萝卜、鲜香菇、葱、姜、白糖、胡椒粉、酱油、鸡粉、蚝油、淀粉、植物油、高汤各适量。

制作：

1. 将牛里脊肉切丝，加入淀粉、少许水、鸡蛋清、植物油、酱油拌匀腌入味，过油备用。

2. 将四季豆洗净切段，米粉用温水泡软切断，葱切段，姜切丝，香菇去蒂洗净切丝；竹笋去壳洗净切丝，下入开水锅内氽一下。

3. 炒锅注油烧热，下入葱段、姜丝爆香，放入香菇丝、胡萝卜丝、四季豆段、竹笋丝翻炒，加入高汤、白糖、胡椒粉、酱油、鸡粉、蚝油大火烧开，再加入米粉烧至汤汁收干、入味即可。

竹笋螺肉面

原料：切面 250 克，鲜竹笋 200 克，罐头螺肉 100 克，生菜叶、色拉酱、蕃茄酱、淀粉各适量。

 制作：

1. 将切面下入开水锅内煮熟，捞出过凉控水。

2. 竹笋去外皮洗净，下入开水锅内煮熟，切成细丝，放入冰水中冰镇。

3. 将 1/2 罐头螺肉切碎，加入色拉酱、番茄酱、淀粉拌匀成酱汁，余下螺肉切成薄片。

4. 将生菜叶洗净切成细丝铺在盘底，依次放上面条、竹笋丝、螺肉片，淋上酱汁拌匀即可。

什 锦 炒 面

原料：面条（干切面）250克，竹笋、葱头、鲜鱿鱼、草虾、水发木耳各 50 克，鲜猪肝 30 克，青、红尖椒各 1 个，葱、蚝油、水淀粉、植物油、味精、胡椒粉、精盐各适量。

 制作：

1. 将竹笋下入开水锅内焯一下，捞出切片；木耳洗净撕小朵，青、红椒去蒂及籽洗净切粒；猪肝洗净切片，加入少许淀粉拌匀，下入开水锅内烫一下。

2. 将葱头切丝，草虾去杂质，鱿鱼洗净切花刀片。

3. 炒锅注油烧热，下入切面小火煎至两面焦黄，盛入盘内。

4. 炒锅注油烧热，下入葱头爆香，放入所有原料翻炒，加入调味料炒匀，最后用水淀粉勾芡，浇在炒面上即可。

竹笋生鱼寿司

原料：嫩竹笋 300 克，生鱼片、蛋皮、寿司饭团，寿司酱油各适量。

 制作：

1. 将嫩竹笋洗净切丝，下开水锅焯熟。

2. 将寿司饭团放入盘内，依次码上生鱼片、蛋皮、竹笋丝，食时蘸寿司酱油即可。

竹荪类

葱末竹荪

原料：竹荪5根，香葱、葱油、精盐、味精各适量。

 制作：

1. 将竹荪泡发洗净切成小段，下入开水锅内氽熟，捞出沥水；香葱择洗干净切成细末。

2. 将竹荪装入盘内，加入葱末，淋入葱油，撒入精盐、味精拌匀即可。

怀山竹荪炒豆芽

原料：绿豆芽200克，怀山药（干）25克，竹荪3根，葱、姜、精盐、植物油各适量。

 制作：

1. 将竹荪泡发洗净撕成条，豆芽洗净去须根，怀山洗净上笼蒸软切成丝，姜切片，葱切段。

2. 炒锅注油烧至六成热，下入姜、葱爆香，放入豆芽、竹荪、怀山丝翻炒至断生，撒入精盐即可。

素烩竹荪

原料：竹荪5根，四季豆、竹笋、水发木耳、鲜蘑菇各50克，植物油、淀粉、精盐、鸡精各适量。

 制作：

1. 将竹荪泡发洗净切成段，鲜蘑洗净去蒂切薄片，四季豆洗净切小段，木耳洗净撕小朵。

2. 炒锅注油烧热，下入四季豆过油，捞出与竹荪、蘑菇、木耳一起焯水沥干。

3. 锅内添入适量清水烧开，放入竹荪、四季豆、木耳、蘑菇，加入精盐、鸡精略煮，用水淀粉勾薄芡即可。

鲜熘竹荪

原料：竹荪5根，莴笋150克，胡萝卜50克，味精、葱油、胡椒、淀粉、精盐、高汤各适量。

 制作：

1. 将竹荪泡发洗净切成厚片，下入开水锅内汆一下，捞出沥水；莴笋、胡萝卜分别洗净切成片。

2. 炒锅注入葱油烧热，下入竹荪、莴笋、胡萝卜翻炒，倒入高汤，加入精盐、味精略烧，用湿淀粉勾芡即可。

竹荪炒牛奶

原料：牛奶 200 克，鸡蛋清 2 个，竹荪 2 根，甜玉米粒 50 克，淀粉、培根、精盐、白糖各适量。

 制作：

1. 将竹荪泡发洗净切小丁，培根切小丁，甜玉米粒煮熟备用。

2. 将牛奶、蛋清一同加入淀粉、精盐、白糖搅拌均匀，倒入锅内小火慢慢加热至稠糊状，放入竹荪、培根、玉米粒继续搅拌至豆花状即可。

奶香竹荪冬瓜羹

原料：竹荪 2 根，银耳 1 朵，冬瓜 150 克，鸡蛋清 2 个，淀粉、精盐、味精、奶油各适量。

 制作：

1. 将竹荪用淡盐水泡发，洗净，挤干水分；银耳用温水泡发，洗净撕小朵；冬瓜用勺挖成球；鸡蛋清打散。

2. 将竹荪、银耳、冬瓜球放入锅内，添入适量清水，大火烧开，小火煮片刻，加入奶油搅匀，淋入蛋清，撒入味精、精盐即可。

绿心竹荪

原料：芦笋 300 克，竹荪（干）150 克，小番茄 150 克，山楂 25 克，枸杞子、大枣（干）、乌梅、淀粉各适量。

 制作：

1. 将竹荪泡发洗净，去头尾，取中间部分切成小段，下入开水锅内烫片刻捞出；芦笋洗净去皮，切成和竹荪一样长的段；小番茄洗净切两半，红枣、山楂、乌梅、枸杞分别洗净。

2. 将每段竹荪内插入一根芦笋，码在盘内，上锅蒸 5 分钟，取出。

3. 将山楂、红枣、乌梅放入锅内，添入适量清水煮至剩一半水，去渣，加入湿淀粉勾芡，淋在芦笋、竹荪上，撒入枸杞，周围码上小番茄即可。

上汤竹荪扒芦笋

原料：竹荪 8 根，芦笋 250 克，皮蛋 1 个，浓汤宝 1 个，甜玉米粒、鸡汤、姜、蒜、料酒、植物油、精盐、白糖、淀粉各适量。

 制作：

1. 将竹笋用淡盐水泡发洗净，用热水烫一下；芦笋洗净去掉老皮，下入开水锅内焯一下，捞出过凉。

2. 将芦笋插入竹荪里，皮蛋去壳切小块，姜、蒜切片，玉米粒焯一下捞出控水。

3. 炒锅注油烧热，下入姜、蒜爆香，添入适量清水，加入浓汤宝大火烧开，放入皮蛋、玉米粒，再加入少许料酒、精盐、白糖，放入芦笋煮片刻，捞出装盘。

4. 将锅内汤汁用湿淀粉勾芡，浇在芦笋上即可。

竹荪扒菜心

原料：竹荪 3 根，菜心 150 克，香葱、蚝油、鲍汁、水淀粉、植物油各适量。

 制作：

1. 将竹荪用水泡发洗净切段，菜心洗净，葱切末。

2. 炒锅注油烧热，下入香葱爆香，拣去葱渣，下入菜心略炒，加入竹荪、少许清水烧开，再加入蚝油、鲍汁调味，小火烧 5 分钟，用水淀粉勾薄芡即可。

竹荪白果

原料：油菜 500 克，竹荪（干）50 克，白果罐头 1 罐，白糖、精盐、黄酒、高汤各适量。

制作：

1. 将竹荪泡发洗净，切成小段；油菜择洗干净，下入开水锅内，加入精盐，煮熟捞出，晾凉铺在盘底。

2. 锅内倒入高汤，加入黄酒、白糖、精盐，大火烧开，放入竹荪煮熟，捞出，盛在油菜上。

3. 锅内汤汁烧开，放入白果煮熟，盛在竹荪上即可。

杏仁竹荪菜心汤

原料： 竹荪（干）50 克，菜心 50 克，杏仁、姜、精盐、高汤、白糖、植物油各适量。

 制作：

1. 将竹荪泡发洗净切条，菜心择洗干净切段，姜切丝。

2. 炒锅注油烧热，下入姜丝爆香，放入菜心，加入精盐翻炒片刻，添入适量高汤，再放入竹荪，加入白糖，大火烧开，撒上杏仁片即可。

竹荪三色棒

原料： 竹荪 6 根，山药 100 克，黄瓜、胡萝卜各 50 克，淀粉、葱、精盐、鸡精、葱末各适量。

制作：

1. 将竹荪用清水泡发，取其下半部分洗净；山药洗净去皮，黄瓜洗净，胡萝卜洗净，均切成比竹荪长一点的条。

2. 将山药、黄瓜、胡萝卜分别插入竹荪段内，码入盘中，上锅隔水蒸10分钟。

3. 炒锅添入少许清水，加入精盐、鸡精大火烧开，用湿淀粉勾芡，淋入香油，浇在竹荪段上，撒上葱末即可。

竹荪焖栗子

原料：竹荪5根，鲜栗子仁100克，油菜50克，植物油、淀粉、香油、白糖、精盐各适量。

 制作：

1. 将竹荪泡发洗净去蒂切段，栗子仁煮熟，油菜择洗干净切段。

2. 炒锅注油烧热，下入竹荪、栗子，加入白糖、适量清水大火烧开，改小火焖3分钟，放入油菜略烧片刻，用湿淀粉勾芡，撒入精盐，淋入香油即可。

竹荪莲子汤

原料：竹荪2根，鲜莲子50克，竹笋50克，丝瓜200克，精盐、味精、湿淀粉各适量。

制作：

1. 将竹荪泡发洗净切段，竹笋洗净切片；鲜莲子下入开水锅内焯片刻，捞出去皮洗净用清水浸泡；丝瓜洗净，刮去外皮，切成片。

2. 汤锅添入适量清水烧开，下入竹荪、莲子、竹笋、丝瓜煮30分钟，捞入汤碗内。

3. 锅内加入精盐、味精烧开，用湿淀粉勾芡，倒入汤碗内即可。

番茄鸡蛋竹荪汤

原料： 竹荪2根，鸡蛋1个，番茄150克，精盐、鸡精、植物油各适量。

 制作：

1. 将番茄洗净切片，竹荪泡发洗净切小段，鸡蛋磕入碗内加盐打散。

2. 炒锅注油烧热，倒入蛋液炒熟，加入番茄炒出红油，再放入竹荪，添入适量清水，大火烧开，撒入精盐、鸡精调味即可。

黄瓜竹荪汤

原料： 黄瓜100克，竹荪（干）150克，精盐、味精各适量。

制作：

1. 将竹荪泡发洗净切段，黄瓜洗净切成薄长片。

2. 汤锅添入清水，放入竹荪，加入精盐、味精，大火烧开，再放入黄瓜皮略煮即可。

豌豆苗烩竹荪

原料： 竹荪（干）50 克，豌豆苗 100 克，料酒、香油、精盐、清汤各适量。

 制作：

1. 将竹荪泡发洗净切成块，下入开水锅内汆一下，捞出；豌豆苗洗净，下入开水锅内略烫，捞出。

2. 锅内添入适量清汤，放入竹荪块、豌豆苗，加入料酒、精盐，大火烧开，撇去浮沫，撒入味精，淋入香油即可。

口蘑竹荪汤

原料： 竹荪（干）50 克，口蘑、小白菜各 50 克，精盐、鸡油、鸡汤各适量。

 制作：

1. 将竹荪泡发洗净，下入开水锅汆一下，捞出切成长段；口蘑洗净，切成薄片；小白菜择洗干净，下入开水锅内汆熟，捞出控水。

2. 汤锅倒入鸡汤大火烧开，放入小白菜、竹荪、口蘑片略煮，撒入精盐，淋入鸡油即可。

竹荪灵芝煲

原料：竹荪5根，干灵芝1小块，羊肚菌5棵，干银耳25克，枸杞、松茸精、精盐、高汤各适量。

 制作：

1. 将竹荪、干灵芝、羊肚菌、银耳均用清水泡发，洗净，竹荪切段，银耳撕小朵。

2. 将竹荪、干灵芝、羊肚菌、银耳放入汤煲内，加入枸杞、精盐、松茸精、高汤、适量清水大火烧开，改小火煲3小时即可。

双 菇 竹 荪

原料：竹荪（干）50克，鲜香菇、鲜口蘑、油菜心、番茄各50克，精盐、味精、姜、香油、植物油、高汤各适量。

 制作：

1. 将竹荪泡发洗净，切长方块；香菇、口蘑分别洗净，切片；

西红柿洗净，去皮切片；油菜心择洗干净，姜切末。

2. 炒锅注油烧至五成热，放入高汤、香菇、口蘑、竹荪、西红柿，大火烧开，加入精盐、味精、姜末，最后放入油菜心略煮，淋入香油即可。

藏红花扒竹荪

原料：鸡汤 500 克，藏红花 0.3 克，竹荪（干）50 克，油菜心 100 克，胡萝卜 50 克，西兰花 150 克，精盐、鸡粉、植物油各适量。

 制作：

1. 将藏红花放入大碗内，倒入鸡汤，上锅隔水蒸 30 分钟。

2. 将竹荪泡发洗净切片，油菜心择洗干净，胡萝卜洗净切片。

3. 炒锅注油烧热，下入竹荪、胡萝卜、油菜心翻炒片刻，加入精盐、鸡粉炒匀，盛盘。

4. 将藏红花鸡汤倒入锅内，加入精盐、鸡粉大火烧开，用湿淀粉勾芡收汁，浇在竹荪、蔬菜上即可。

竹 报 平 安

原料：莴笋 200 克，竹荪（干）25 克，猴头菇 100 克，黄芪、党参、茯苓各 25 克，鸡蛋清、大葱、姜、香油、味精、高汤各适量。

制作：

1. 将黄芪、党参、茯苓均洗净，一同放入锅内，加适量清水，大火烧开，改小火煮至药汁剩1/2，去渣备用。

2. 将竹荪泡发洗净，下入开水锅内余一下，捞出切小段；猴头菇洗净切片，莴笋洗净去皮切块，葱切段，姜切片。

3. 炒锅注油烧热，下入葱、姜爆香，放入猴头菇、莴笋、竹荪，倒入高汤、药汁大火烧开，滴少许香油，用湿淀粉勾芡，淋入蛋清至凝固即可。

党参竹荪汤

原料：竹荪（干）50 克，党参 25 克，油菜心，50 克，精盐、味精、植物油、姜汁、葱汁、清汤各适量。

 制作：

1. 将竹荪泡发洗净切段；油菜心择洗干净，下入开水锅内焯一下；党参洗净装碗，加适量清水，上锅蒸 20 分钟，取汁备用。

2. 锅内添入适量清汤，放入竹荪、党参汁、油菜心，大火烧开，加入精盐、葱汁、姜汁，淋入植物油，撒入味精即可。

冬瓜香菇竹荪汤

原料：竹荪（干）50 克，鲜香菇 250 克，冬瓜 300 克，黄花菜（干）25 克，米酒、精盐、味精、香油、上汤各适量。

 制作：

1. 将竹荪泡发洗净，加入米酒浸泡 4 小时，切小段；黄花菜泡软，洗净去根打结；鲜香菇洗净去蒂，下入开水锅内烫一下；冬瓜洗净去皮、籽，切成块。

2. 将竹荪、香菇、冬瓜、黄花菜加入精盐、味精拌匀，盛入大碗内，加入上汤，上锅大火蒸 20 分钟，取出，淋入少许米酒即可。

紫菜竹荪羹

原料：紫菜（干）25 克，竹荪（干）150 克，香菇（鲜）200克，白糖、鸡精、精盐、淀粉、胡椒粉、香油、植物油、鸡汤各适量。

 制作：

1. 将紫菜洗净，用冷水浸泡片刻，捞出控水撕碎；香菇洗净去蒂切丝；竹荪泡发洗净，下入开水锅内余一下，捞出切碎。

2.炒锅注油烧热，放入竹荪、香菇、紫菜、鸡汤，大火烧开，小火煮10分钟，加入精盐、白糖、鸡精，用湿淀粉勾薄芡，撒上胡椒粉，淋入香油即可。

奶汤竹荪丝瓜

原料：竹荪（干）25克，丝瓜350克，精盐、鸡精、胡椒粉、鸡油、奶汤淀粉、料酒、植物油各适量。

 制作：

1.将竹荪泡发洗净，切斜刀块，下入开水锅内焯一下；丝瓜洗净去皮，切成长条。

2.炒锅注油烧热，下入丝瓜滑熟，捞出沥油。

3.锅内添入适量奶汤，加入精盐、料酒、鸡精、胡椒粉、丝瓜条略烧，捞入盘内。

4.将竹荪下入奶汤内，加入精盐、鸡精烧透，用湿淀粉勾薄芡，淋入鸡油，浇在丝瓜条上即可。

腰果竹荪卷

原料：竹荪（干）50克，鲜香菇、鲜口蘑、玉兰片各100克，料酒、精盐、味精、植物油、淀粉、鸡蛋清、植物油、鲜汤各适量。

制作：

1. 将竹荪泡发洗净去两头，切成段，从中间剖开；冬菇、玉兰片、口蘑分别洗净沥干，均切成粒。

2. 将腰果上锅蒸透，取出碾成泥，加入精盐、味精、蛋清、冬菇丁、玉兰片丁、口蘑丁、少许油拌匀成馅料。

3. 将竹荪铺平，拍上干淀粉，抹上馅料，卷成筒形，码在抹过油的盘内，上锅蒸 10 分钟，取出。

4. 锅内倒入适量鲜汤，加入料酒、精盐、味精，大火烧开，用湿淀粉勾薄芡，淋入明油，浇在竹荪卷上即可。

榆耳竹荪汤

原料： 竹荪（干）50 克，榆耳 50 克，水发香菇 50 克，冬笋、菜心、精盐、白糖、胡椒粉、鲜汤、香油各适量。

 制作：

1. 将竹荪泡发洗净切成片，香菇去蒂洗净，榆耳泡发洗净，冬笋切片，分别下入开水锅内汆一下，捞出控水：菜心洗净。

2. 锅内倒入鲜汤，放入榆耳、竹荪、冬菇、冬笋、菜心，大火烧开，加入精盐、白糖、胡椒粉，淋入香油即可。

竹荪肉片

原料：竹荪（干）100克，猪瘦肉250克，精盐、味精、植物油、葱、姜各适量。

 制作：

1. 将竹荪泡发洗净，切片，下入开水锅内焯一下，捞出；猪肉洗净切片，葱、姜均切末。

2. 炒锅注油烧热，下入葱、姜爆香，放入猪肉片炒变色，再放入竹荪片，加入精盐、味精炒匀即可。

酿 竹 荪

原料：猪肉末150克，竹荪5根，绿叶蔬菜、老抽、料酒、牛肉粉、姜汁、淀粉各适量。

 制作：

1. 将竹荪用淡盐水泡发，洗净去掉根部，切成段。

2. 将猪肉末加入料酒、老抽、姜汁、牛肉粉、少许水搅拌均匀；绿叶菜择洗干净。

3. 将适量猪肉末填入竹荪中，码在盘内，上锅蒸10分钟取出，汤汁滗入炒锅内。

4. 将汤汁加适量清水大火烧开，放入绿叶菜焯一下，捞出码在竹荪上，汤汁用水淀粉勾芡，浇在青菜竹荪上即可。

竹荪丸子

原料：竹荪（干）200 克，猪肉 300 克，鸡蛋 1 个，姜、大葱、精盐、味精、胡椒粉、淀粉、植物油、白糖、番茄酱各适量。

 制作：

1. 将竹荪泡发洗净，1/2 剁成末；葱、姜均切末。

2. 将猪肉洗净剁成末，加入鸡蛋液、精盐、葱、姜、味精、胡椒粉、白糖、番茄酱、竹荪末搅匀成馅料。

3. 将余下竹荪码在盘子上，将馅料挤成大小相等的丸子码在竹荪上，上锅蒸熟即可。

美味竹荪卷

原料：竹荪 8 根，银耳 1 朵，西芹 50 克，猪肉末 100 克，淀粉、白糖、精盐、味精各适量。

制作：

1. 将竹荪用淡盐水泡发，洗净切段，片成片状；猪肉末加入精盐、味精、淀粉拌匀成馅料。

2. 将竹荪片填入馅料卷成竹荪卷，码入盘内，中间放上银耳。

3. 将西芹择洗干净，切成细长条，依次码在竹荪卷中间，上锅隔水蒸 5 分钟。

4. 炒锅添入少许清水，加入白糖、精盐、味精大火烧开，用湿淀粉勾芡，淋在竹笋卷上即可。

竹荪冬瓜丸子汤

原料： 竹荪 2 根，冬瓜 100克，猪肉馅 50 克，北豆腐、浓汤宝、白胡椒粉、蚝油、生抽、香油、精盐各适量。

 制作：

1. 将冬瓜洗净去皮切片，豆腐切片；竹荪用淡盐水泡发，洗净切段。

2. 将猪肉馅加入精盐、生抽、白胡椒粉、香油、少许水搅打至黏稠备用。

3. 锅内添入适量清水，下入浓汤宝，大火烧开，挤入猪肉丸略煮，放入冬瓜、豆腐片、竹荪，淋入少许生抽，大火烧开后改小火煮 5 分钟即可。

竹荪山药排骨汤

原料： 猪排骨 500 克，山药150 克，竹荪 3 根，姜、精盐、鸡精、料酒各适量。

制作：

1. 将猪排骨洗净剁小段，加入料酒腌片刻，下入开水锅内焯一下，捞出控水。

2. 将竹荪用淡盐水泡发，洗净切小段；山药去皮洗净切滚刀块，姜切片。

3. 汤锅添入适量清水，加入姜片大火烧开，放入猪排煮 1 小时，再放入竹荪、山药煮 15 分钟，撒入精盐、鸡粉即可。

竹荪腐竹排骨煲

原料： 猪肋排 300 克，腐竹 50 克，竹荪 3 根，虾米、蒜末、植物油、生抽、淀粉、鸡粉、胡椒粉、白糖、精盐各适量。

 制作：

1. 将猪排洗净剁小段，下入开水锅内焯一下，捞出控水，加入生抽、淀粉、胡椒粉、鸡粉、白糖、精盐、水拌匀，腌渍 1 小时。

2. 将竹笋用淡盐水泡发洗净切小段，腐竹用温水泡发洗净切段。

3. 炒锅注油烧热，下入虾米、蒜末爆香，放入猪排，添入适量清水，大火烧开，盖盖，改小火煲 40 分钟，再放入竹荪、腐竹煲 10 分钟，倒入腌排骨的芡汁，大火收汁即可。

木瓜竹荪炖排骨

原料：猪小排 250 克，竹荪 2 根，木瓜半个，精盐适量。

 制作：

1. 将猪小排洗净剁小块，下入开水锅内煮 2 分钟，捞起洗净。

2. 将竹荪泡发洗净切小段，木瓜去皮、核切小块。

3. 将木瓜、竹荪、排骨一起放入大碗里，加盖，放入蒸锅隔水炖 1 小时，撒入精盐即可。

青瓜竹荪排骨汤

原料：排骨 250 克，竹荪 3 根，黄瓜 1 根，葱、姜、精盐、鸡精各适量。

 制作：

1. 将排骨洗净剁小段，焯水备用；竹荪泡发洗净切段，黄瓜洗净切长片，姜拍松，葱挽结。

2. 锅内添入适量清水，放入排骨、姜、葱大火烧开，改小火炖 1 小时，加入竹荪再炖 1 小时，撒入精盐、鸡精调味，最后放入黄瓜片烧开即可。

竹荪腊肉

原料： 竹荪（干）100克，腊肉、水发木耳各100克，香葱、料酒、精盐、白胡椒粉、蚝油、生抽、红彩椒、蒜、香葱、植物油各适量。

 制作：

1. 将竹荪泡发洗净切小块，下入开水锅内烫一下，捞出；木耳洗净撕小朵，腊肉切薄片，红彩椒洗净去蒂、籽切片，香葱切段，蒜切末。

2. 炒锅注油烧至六成热，下入葱、蒜爆香，放入木耳、红彩椒片、腊肉片，大火翻炒片刻，再放入竹荪块，加入料酒、精盐、白胡椒粉、蚝油、生抽炒匀，最后再撒少许香葱段即可。

竹荪爆猪肚

原料： 竹荪（干）100克，猪肚300克，葱、姜、精盐、味精、料酒、植物油各适量。

制作：

1. 将猪肚洗净，放入高压锅煮熟，捞出切片；竹荪泡发切片。

2. 炒锅注油烧热，下入葱、姜爆香，放入肚片爆炒片刻，加入竹荪片略炒，烹入料酒，撒入精盐、味精即可。

竹荪猪肚汤

原料：净猪肚 500 克，竹荪 3 根，葱、姜、香菜、味精、胡椒粉、香油、精盐、鸡清汤各适量。

 制作：

1. 将竹荪泡发洗净，顺长剖开，切大片，下入开水锅内余一下，捞出沥水，装入汤碗。

2. 将猪肚洗净，剔去外皮、油筋，从里面一侧剖成蓑衣形花刀，再切成块；香菜择洗干净切末，葱、姜均切成末。

3. 将猪肚下入开水锅内煮熟，捞入竹荪碗内，加入葱、姜。

4. 锅内添入鸡清汤烧开，撇去浮沫，撒入精盐、味精、胡椒粉，倒入竹荪碗中，撒上香菜末，淋入香油即可。

竹荪什锦烩猪脑

原料：猪脑 400 克，竹荪（干）50 克，香菇（干）25 克，鸡肉、水发玉兰片、莴笋、豌豆苗各 50 克，鸡蛋 1 个，虾米、火腿、精盐、味精、胡椒粉、葱、香菜、香油、上汤各适量。

制作：

1. 将竹荪泡发洗净切段；莴笋去皮洗净切片，下入开水锅内焯一下；鸡肉洗净煮熟切片；鸡蛋磕入碗内，加料酒、精盐搅匀，上锅蒸成老蛋羹，晾凉切片；香菇泡发，洗净，去蒂切片；火腿切片，葱、香菜均切末。

2. 将猪脑洗净，撕去筋膜，下入开水锅内，加精盐汆至紧缩，捞出晾凉切小块。

3. 锅内倒入适量上汤，放入火腿、鸡肉、莴笋、香菇、玉兰片、老蛋羹片、水竹荪、虾米，加入精盐，大火烧开，撇去浮沫，加入味精、胡椒粉，再放入豌豆苗略煮，盛入汤盆内。

4. 锅内倒入适量高汤，放入猪脑块，大火烧开，加入葱末、香菜末，盛入汤盆内，淋上香油即可。

猪脊髓烧竹荪

原料： 竹荪（干）150 克，猪脊髓100 克，火腿50 克，鸡蛋皮1 张，豌豆苗50 克，鲜汤、胡椒粉、鸡油、精盐、味精各适量。

 制作：

1. 将竹荪泡发洗净切成薄片，下入开水锅内汆一下，捞出；猪脊髓洗净切成段，下入开水锅内汆一下，捞出去皮；豌豆苗洗净，火腿、鸡蛋皮分别切成薄片。

2. 炒锅添入鲜汤，放入竹荪片、猪脊髓段、鸡蛋皮片、火腿片，加入精盐、味精、胡椒粉，大火烧开，撇去浮沫，下入豌豆苗，淋入鸡油即可。

竹荪蒸黄花

原料：干黄花菜 25 克，竹荪 2 根，火腿 50 克，精盐适量。

 制作：

1. 将干黄花菜用热水浸泡 20 分钟，洗净去根；竹荪洗净切成段，火腿切小块。

2. 将竹荪、黄花菜、火腿一起放入大碗内，加满水，放入蒸锅里隔水炖 30 分钟，撒入精盐即可。

香菇炖竹荪

原料：干香菇 5 朵，竹荪 2 根，火腿、青菜、精盐各适量。

 制作：

1. 将香菇用热水浸泡 10 分钟，洗净去蒂；竹荪洗净切成段，火腿切小片，青菜择洗干净切段。

2. 将香菇、竹荪、火腿一起放入碗内，加满水，放入蒸锅里隔水蒸 30 分钟，再加入青菜段蒸 5 分钟，撒入精盐即可。

火腿菜心烩竹荪

原料：竹荪（干）50克，火腿50克，油菜心100克，精盐、味精、料酒、鲜汤各适量。

制作：

1. 将竹荪泡发洗净去蒂，下入开水锅内烫一下，切成段；油菜心洗净，下入开水锅内氽一下，捞出；火腿切片。

2. 锅内添入鲜汤，放入竹荪、火腿片，大火烧开，加入料酒、精盐，下入油菜心略煮，撇去浮沫，撒入味精即可。

竹 荪 蹄 筋

原料：水发竹荪12根，水发蹄筋300克，熟鸡肉50克，油菜心100克，鸡汤、料酒、精盐、精精、淀粉、葱段、姜片、植物油、香油各适量。

 制作：

1. 将竹荪洗净切段，油菜心下入开水锅内烫一下。

2. 将蹄筋洗净切段，放入碗内，加入开水、料酒、葱段、姜片，上锅蒸透；鸡肉切片。

3. 炒锅注油烧热，下入葱、姜爆香，倒入鸡汤，放入竹荪、蹄筋、菜心、鸡肉片，加入料酒，大火烧开，再加入精盐、味精，用湿淀粉勾芡，淋入香油即可。

竹荪牛鞭

竹荪心菜圆火

原料：水发牛鞭200克，竹荪（干）50克，枸杞、精盐、香油、酱油、高汤、料酒、植物油各适量。

 制作：

1. 将牛鞭洗净，煮熟，切花刀；枸杞子用温水泡开，竹荪泡发洗净切段。

2. 炒锅注油烧至五成热，下入牛鞭、竹荪段翻炒均匀，加入高汤、精盐、酱油、料酒，用小火烧至入味，放入枸杞子，淋入香油即可。

竹荪羊排

原料：竹荪3根，羊排150克，葱、姜、精盐、白胡椒粉、料酒、花椒粉、鸡精、高汤各适量。

 制作：

1. 将竹荪泡发洗净，切成段；葱切段，姜切片，羊排洗净剁小段。

2.压力锅放入羊排、竹荪、花椒粉、葱段、姜片、白胡椒粉、料酒、精盐、鸡精、高汤，盖盖，上汽后小火焖 1 小时即可。

竹荪炖草鸡

原料：草鸡1只，竹荪（干）200 克，火腿 50 克，油菜心 150克，料酒、精盐、味精、大葱、姜、胡椒粉各适量。

 制作：

1.将草鸡宰杀，去杂质洗净，下入开水锅内汆一下捞出。

2.将竹荪泡发洗净切段，火腿切薄片，葱切段，姜切片，油菜心择洗干净。

3.煮锅放入草鸡、竹荪、火腿片，加入适量清水、料酒、精盐、胡椒粉、葱段、姜片，大火烧开，改小火煮至鸡肉熟烂，嫩油菜心，撒入味精，略煮即可。

竹 荪 鸡 丝

原料：竹荪（干）100 克，鸡胸脯肉、韭菜各 50 克，鸡蛋 1个，泡椒、精盐、胡椒粉、嫩肉粉、料酒、淀粉、味精、鸡精、植物油、鸡油、鲜汤各适量。

制作：

1. 将干竹荪泡发洗净，去网裙及根部；鸡脯肉洗净切粗丝，加入精盐、料酒、鸡蛋清、嫩肉粉、水淀粉拌匀。

2. 将韭菜择洗干净，泡辣椒去籽、蒂切成丝。

3. 将鸡丝填入竹荪内，分别用泡辣椒丝、韭菜叶扎紧口，码入大碗内，加入鲜汤、胡椒粉，上锅大火蒸8分钟取出。

4. 将汤汁倒入炒锅内，烧开后加入味精、鸡精，用水淀粉勾薄芡，淋在竹荪上即可。

锅巴竹荪

原料： 鲜竹荪 400 克，锅巴 200 克，火腿、熟鸡脯肉、豌豆苗、水发香菇各 50 克，鸡蛋皮 1 张，精盐、鲜汤、胡椒粉、植物油、味精各适量。

制作：

1. 将鲜竹荪洗净去蒂，顺长剖开，切成菱形片，下入开水锅内余一下，捞出挤干水；熟鸡脯肉切成片，水发冬菇洗净去蒂切成片，火腿、鸡蛋皮分别切成菱形片。

2. 锅内添入鲜汤，放入竹荪片、冬菇片、熟鸡脯肉片、火腿片、鸡蛋皮片，加入精盐、胡椒粉、味精，大火烧开，撇去浮沫，放入豌豆苗，盛出。

3. 将锅巴放入汤盆内，浇入热油，倒入竹荪汤即可。

三菌鸡肉竹荪卷

原料：竹荪5根，白牛肝菌（干）25克，鲜鸡枞菌、鲜香菇、鸡胸脯肉各100克，番茄、香菜、味精、鸡精、香油、葱油、鲜汤各适量。

 制作：

1. 将牛肝菌泡发洗净切小粒，鸡枞菌、香菇分别洗净氽水，均切成小粒；竹荪泡发洗净，去两头，取中段；鸡肉剁成蓉，番茄洗净切片，香菜择洗干净切段。

2. 将鸡枞菌、香菇、牛肝菌、鸡蓉一同加入精盐、味精、鸡精拌匀，填入竹荪内，装盘，上笼蒸15分钟，取出码入方盘内，两边摆上番茄片和香菜。

3. 锅内添入鲜汤，加入精盐、味精、鸡精，大火烧开，勾薄芡，淋入香油、葱油，浇在竹荪卷上即可。

兰花竹荪卷

原料：鸡胸肉350克，西兰花100克，竹荪（干）50克，芦笋50克，精盐、味精、淀粉、鲜汤各适量。

制作：

1. 将竹荪泡发洗净去两头，西兰花、芦笋洗净分别改刀，均下入开水锅内氽一下，捞出。

2. 将鸡胸肉洗净剁成末，加入精盐、味精、鲜汤搅拌均匀。

3. 将鸡肉末填入竹荪内，装入大碗内，上锅蒸熟，取出，放入西兰花、芦笋。

4. 将鲜汤烧开，加入精盐、味精，用水淀粉勾芡，浇在西兰花、芦笋、竹荪鸡肉卷上即可。

如意竹荪卷

原料： 竹荪(干)50 克，鸡胸脯肉 100 克，鲜蘑、火腿、豌豆苗、湿淀粉、料酒、精盐、面粉、鸡蛋清、清汤、葱姜水各适量。

 制作：

1. 将鸡肉洗净剁成泥，鲜蘑去蒂洗净切成末，豌豆苗洗净切成末。

2. 将鸡肉加入蛋清、葱姜水、鲜蘑末、料酒、精盐搅拌均匀成馅料。

3. 将竹荪泡发洗净，下入开水锅内氽一下，捞出，竖划开去掉尖部，平铺在盘内，撒上少许面粉，抹上一层馅料，撒上火腿末、豌豆苗末，从两端卷至中间，用湿淀粉黏住，上锅蒸 5 分钟。

4. 炒锅放入清汤，加入精盐、料酒、葱姜水，大火烧开，用湿淀粉勾芡，浇在竹荪卷上即可。

竹荪滑鸡皮

原料： 竹荪 3 根，木耳 25 克，鸡皮 300 克，姜、葱、干辣椒、生抽、枸杞、精盐、淀粉、植物油各适量。

 制作：

1. 将鸡皮洗净切小块，下入热锅内炒出鸡油，捞出控油；葱切末，姜切片。

2. 将竹荪用淡盐水泡发，洗净切段；木耳泡发洗净撕小朵，枸杞泡发洗净。

3. 炒锅注油烧热，下入姜片、葱末、干辣椒爆出香味，放入竹荪、木耳、枸杞炒片刻，加入鸡皮、生抽、精盐翻炒均匀，勾薄芡即可。

白果竹荪蒸鸡

原料： 净鸡 1 只，竹笋 5 根，干香菇 50 克，白果、花椒、大料、精盐、料酒、香油、生抽、姜、葱各适量。

制作：

1. 将香菇用温水泡发洗净去蒂，泡香菇水留用；竹荪用淡盐水泡发洗净，切成小段；葱切段，姜切片。

2. 将鸡洗净剁成小块，加入花椒、大料、料酒、生抽、葱、姜、精盐、香油拌匀，腌渍1小时。

3. 将腌好的鸡肉加入白果、香菇、泡香菇的水搅拌均匀，装入容器内，上锅隔水蒸1小时，停火将竹荪均匀地码在上面，盖盖继续蒸半小时即可。

竹荪炖鸡翅

原料：翅中500克，竹荪6根，葱、姜、蒜、花椒、大料、植物油、精盐、酱油各适量。

 制作：

1. 将鸡翅洗净，下入开水锅内烫一下，捞出控水。

2. 将竹荪用清水泡发洗净切段，葱、姜、蒜均切末。

3. 炒锅注油烧热，下入花椒、大料、葱、姜、蒜炒香，放入鸡翅翻炒片刻，添入适量清水，加入精盐、酱油大火烧开，小火炖40分钟，放入竹荪盖盖炖30分钟即可。

竹荪茉莉鸡汤

原料：竹荪5根，鲜茉莉花25克，鸡汤、米酒、精盐、酱油各适量。

制作：

1. 将竹荪泡发洗净切段，下入开水锅内氽熟，捞出沥水；鲜茉莉花洗净。

2. 将鸡汤倒入锅内烧开，加入米酒、精盐、酱油，撇去浮沫，放入竹荪略煮，撒上茉莉花即可。

丝瓜竹荪鸡汤

原料： 鸡架 1 个，鸡汤 1 碗，竹荪 3 根，丝瓜 200 克，枸杞、精盐各适量。

 制作：

1. 将竹荪用淡盐水泡发洗净，切成小段；鸡架洗净，丝瓜洗净去皮切长条，枸杞用温水泡软。

2. 将鸡架放入锅内，倒入鸡汤，添入适量清水，大火烧开，改小火煮 30 分钟，放入竹荪、丝瓜煮软，加入枸杞略煮，撒入精盐即可。

当归竹荪土鸡汤

原料： 净土鸡（母鸡）1 只，竹荪 3 根，当归、花生仁、红枣、姜片、胡椒粉、精盐各适量。

制作:

1. 将土鸡去杂质洗净切块,下入开水锅内焯一下,捞出控水;竹荪用清水泡发洗净。

2. 将鸡肉、姜片、花生仁、红枣一同放入炖锅内,填入适量清水,大火烧开,小火炖两小时,再放入竹荪炖 30 分钟,撒入精盐、胡椒粉调味即可。

竹荪魔芋土鸡汤

原料:净土鸡半只,竹荪 2 根,魔芋 250 克,枸杞、姜、精盐各适量。

 制作:

1. 将土鸡洗净剁块,枸杞洗净,竹荪用水泡发洗净切段,魔芋切块。

2. 将鸡块下入开水锅内焯一下,捞出洗去浮沫。

3. 汤锅添入适量清水,放入鸡块、魔芋、姜片大火烧开,改小火炖 1.5 小时,加入竹荪、枸杞煮 30 分钟,撒入精盐即可。

竹荪玉竹乌鸡汤

原料:竹荪 3 根,净乌鸡半只,玉竹、山药、枸杞、精盐各适量。

制作：

1. 将乌鸡洗净，下入开水锅内焯一下，捞出控水。

2. 将竹荪用温水泡发洗净，切成小段；山药削皮切滚刀块，玉竹洗净，枸杞泡软。

3. 锅内添入适量清水，放入山药、乌鸡、玉竹，大火烧开，改小火炖1.5小时，放入竹荪、枸杞煮15分钟，撒入精盐即可。

石鸡竹荪汤

原料：净石鸡1只，石耳25克，竹荪2根，高汤、精盐、料酒、葱段、姜块、味精各适量。

 制作：

1. 将石耳、竹荪用水泡发洗净，石鸡洗净剁成块。

2. 锅内放入高汤、石耳、石鸡块、竹荪、葱段、姜块大火烧开，撇去浮沫，加入料酒、味精，改小火炖至鸡肉熟烂，撒入精盐，盛入盅内即可。

鸡丝竹荪汤

原料：鸡胸肉200克，竹荪2根，鸡蛋清、鸡精、湿淀粉、精盐、姜、葱各适量。

制作：

1. 将鸡胸肉洗净，切成细丝，加入淀粉抓匀；竹荪洗净切成丝，姜切片，葱切段。

2. 锅内添入适量清水，加入姜、葱、鸡精大火烧开，去除姜、葱，放入竹荪、鸡丝煮 5 分钟，淋入蛋清，用湿淀粉勾芡，撒入精盐即可。

鸡肉紫菜烩竹荪

原料： 竹荪（干）50 克，鸡胸脯肉 200 克，紫菜 25 克，姜、葱、精盐、味精、鸡蛋清、湿淀粉、料酒、醋、鲜汤、植物油各适量。

 制作：

1. 将竹荪泡发洗净去蒂，撕成细丝，装入盘内；葱、姜均切成丝，放入碗内，加入鸡蛋清、湿淀粉拌匀；鸡胸脯肉切丝，紫菜撕小块。

2. 炒锅注油烧至五成热，下入鸡肉丝炒熟，盛出沥油。

3. 炒锅添入鲜汤，放入竹荪丝、葱姜丝，大火烧开，加入精盐、料酒、味精，撇去浮沫，下入鸡肉丝、紫菜略煮，淋少许醋即可。

双 竹 鸡 腿

原料：竹荪（干）50 克，竹笋 100 克，鸡腿，300 克，鲜香菇 50 克，精盐、料酒、香油各适量。

 制作：

1. 将竹荪泡发洗净切段，香菇洗净去蒂切块，竹笋去壳洗净切滚刀块；鸡腿洗净，下入开水锅内烫一下，捞出剁成块。

2. 将竹笋放入锅内，添入适量清水，大火烧开，改小火煮 30 分钟，下入鸡腿块、香菇、竹荪煮 20 分钟，加入精盐、料酒略煮，淋入香油即可。

凤爪竹荪汤

原料：鸡爪 100 克，竹荪 5 根，冬笋 50 克，鲜香菇 5 朵，陈皮、鸡精、精盐各适量。

 制作：

1. 将竹荪泡发洗净切段，冬笋洗净切片，香菇洗净去蒂切块。

2. 将鸡爪洗净，去脚趾，剁成两半，下入开水锅内烫一下，捞出控水。

3. 将鸡爪、竹荪、香菇、冬笋、陈皮一同放入砂锅内，添入适量清水，大火烧开，小火煮 1 小时，撒入精盐、鸡精调味即可。

牛蒡竹荪鸡翅汤

原料： 牛蒡 150 克，竹荪（干）100 克，枸杞 35 克，鸡翅 4 只，姜、葱、精盐各适量。

制作：

1. 将竹荪泡发洗净，去头、根；枸杞洗净，牛蒡洗净去皮切段，葱切段，姜拍松。

2. 将鸡翅洗净，放入砂锅内，添入适量清水，加入葱段、姜块，大火烧开，撇去浮沫，下入牛蒡，小火煲 1 小时，再放入竹荪、枸杞煲 30 分钟，撒入精盐即可。

鸡春子竹荪汤

原料： 鸡春子 1 副，竹荪 2 根，姜、精盐、葱、香油各适量。

制作：

1. 将竹荪用淡盐水泡发，洗净，切成段。

2. 锅中添入适量清水，加入姜片大火烧开，放入鸡春子煮片刻，再放入竹荪，小火煮熟，淋少许香油，撒入葱花、精盐调味即可。

竹荪烩鸡肾

原料：鸡肾 200 克，竹荪 2 根，火腿、胡萝卜、鸡蛋黄糕、莴笋各 30 克，精盐、味精、香油、鸡清汤各适量。

制作：

1. 将竹荪泡发洗净，下入开水锅内氽一下，捞出沥水改刀；胡萝卜、莴笋均洗净切象眼块，分别下入开水锅内焯熟，捞出过凉；火腿、蛋黄糕均切片。

2. 将鸡肾洗净去杂质，下入烧开的鸡清汤内氽熟，捞出过凉，中间划一道口，撕去薄膜，片为两半，装入碗内，加鸡清汤、精盐上笼蒸 10 分钟。

3. 鸡清汤，锅内放入火腿、蒸蛋黄糕、胡萝卜、莴笋，大火烧开，撇去浮沫，再放入竹荪，撒入精盐、味精、胡椒粉调味，盛入大汤碗内，再将蒸好的鸡肾连汁倒入，淋上香油即可。

竹荪章鱼荔枝鸭

原料：净鸭 1 只，章鱼 100 克，竹荪（干）50 克，干荔枝 4 枚，料酒、精盐、味精、姜片、葱段、高汤各适量。

制作：

1. 将净鸭洗净去杂质，下入开水锅内煮 10 分钟捞出，放入炖盅内，加入高汤、姜片、葱段、料酒、精盐，上锅蒸熟。

2. 将竹荪泡发洗净，去两头切段，放入碗内，加入高汤，上锅蒸 20 分钟。

3. 将章鱼用开水烫一下，剥去黑衣，洗净切成段，放入碗内，加入高汤，上锅蒸熟。

4. 将竹荪、章鱼、荔枝放入鸭盅内，上锅再蒸 15 分钟，原汁滤入炒锅内烧开，加入精盐、味精调味，淋入鸭盅内即可。

竹荪煲鸭汤

原料：竹荪 8 根，烤鸭架半只，枸杞、姜、葱、精盐、植物油各适量。

 制作：

1. 将鸭架剁成小块，葱切段，姜切片；竹笋用淡盐水泡发，洗净切小段。

2. 炒锅注油烧热，下入姜片、葱段爆香，放入鸭架炒出油，添入适量清水，大火烧开五分钟至汤色变乳白，倒入砂锅，盖盖，小火煲 1.5 小时，加入竹荪、枸杞煲 30 分钟，撒入精盐即可。

石斛竹荪老鸭汤

原料：净鸭半只，石斛10克，竹荪2根，老姜、葱、料酒、精盐、味精各适量。

 制作：

1. 将鸭子洗净剁成块，石斛加水浸泡10分钟装入纱布袋扎紧，老姜拍松，葱切段，竹荪洗净去头切段。

2. 将鸭块、姜、葱一起放入锅内，添入适量清水，大火烧开，撇去浮沫，去除姜、葱，再添入适量清水，加入石斛、料酒，盖盖儿，大火烧开，改小火煮1小时。

3. 撒入精盐、味精，放入竹荪，盖盖煮20分钟即可。

鸭舌竹荪

原料：鸭舌100克，竹荪（干）25克，姜汁、味精、料酒、鸡油、高汤、精盐各适量。

制作：

1. 将鸭舌洗净，下入开水锅内煮熟，捞出过凉，撕去皮膜，去掉舌根，抽出舌内脆骨，洗净。

2. 将竹荪泡发去掉根部，洗净，斜切两段，用开水烫一下。

3. 炒锅倒入高汤烧开，放入竹荪，加入料酒、精盐、姜汁，撇去浮沫，撒入味精，淋入鸡油即可。

茉莉竹荪鸭舌头汤

原料：熟鸭舌 100 克，竹荪
（干）25 克，茉莉花 12 朵，料
酒、精盐、味精、高汤各适量。

 制作：

1. 将竹荪泡发洗净切象眼块；茉莉花洗净。

2. 锅内倒入高汤，放入鸭舌、竹荪，加入料酒、精盐、味精，大火烧开，撇去浮沫，撒上茉莉花即可。

竹 荪 鸭 肝

原料：鲜鸭肝 150 克，竹荪
（干）50 克，鸡胸脯肉 100 克，
鸡蛋 2 个，鸡蛋清 1 个，精盐、
胡椒粉、葱汁、姜汁、味精、料
酒、湿淀粉、高汤各适量。

 制作：

1. 将竹荪泡发洗净，下入开水锅内烫一下，捞出；鸡胸脯肉洗净剁成泥，加入葱汁、姜汁、料酒、精盐、胡椒粉、蛋清搅拌均匀，填入竹荪中，上锅蒸透。

2. 将鲜鸭肝洗净剁成泥，加入适量高汤、蛋清搅拌均匀，用纱布滤净肝渣，加入胡椒粉、味精、精盐、料酒调匀，上锅蒸成膏状。

3. 将鸭肝膏盛入汤碗内，周围码上蒸好的竹荪。

4. 炒锅倒入适量高汤，加入精盐、味精烧开，用湿淀粉勾芡，浇入汤碗即可。

竹荪扒鸭掌

原料： 竹荪（干）50克，鸭掌200克，鲜香菇、菜心各50克，淀粉、精盐、味精、料酒、香油、蚝油、胡椒粉、老抽、高汤、植物油各适量。

 制作：

1. 将竹荪泡发洗净切段，香菇洗净去蒂切块，分别下入开水锅内焯一下，捞出控水；菜心择洗干净。

2. 将鸭掌去杂质洗净，下入开水锅内煮熟，捞出控水。

3. 锅内倒入适量高汤，放入竹荪、香菇、菜心，加入精盐、料酒大火烧开，改小火煨10分钟，捞出控水。

4. 炒锅注油烧热，放入竹荪、鸭掌、香菇、菜心，加入高汤、料酒、味精、蚝油、老抽、胡椒粉略烧，用湿淀粉勾芡，淋入香油即可。

竹荪炖乳鸽

原料： 净乳鸽500克，竹荪3根，精盐、味精、胡椒粉、姜片、鲜汤各适量。

制作：

1. 将乳鸽洗净，下入开水锅内，加入姜片略煮，捞出沥水；竹荪泡发洗净切段。

2. 炖锅倒入鲜汤，放入乳鸽大火烧开，撇去浮沫，下入竹荪，小火炖至乳鸽软烂，撒入精盐、味精、胡椒粉即可。

竹荪鸽蛋

原料： 鸽蛋 300 克，竹荪 3 根，豌豆苗 500 克，鸡汤、鸡油、精盐、味精、胡椒粉各适量。

 制作：

1. 将竹荪泡发洗净切成段，下入开水锅内汆一下，捞出过凉沥水；豌豆苗择洗干净。

2. 将鸽蛋磕入开水锅内，小火煮熟，撒入精盐、胡椒粉，淋入鸡油，盛出。

3. 将鸡汤、竹荪放入锅内，大火烧开，下入豌豆苗略煮，撇去浮沫，盛入鸽蛋汤碗内即可。

竹荪燕窝卷

原料： 水发燕窝 75 克，水发竹荪 10 根，菜心 5 棵，红樱桃两个，上汤、精盐、蟹黄、植物油各适量。

制作:

1. 将竹荪洗净改刀成片，下入上汤锅内小火煨透。

2. 将菜心择洗干净，下入热油锅内，加入精盐炒熟。

3. 将燕窝放入锅内，添入上汤，加入蟹黄烧开，小火煨至入味。

4. 将燕窝放入竹荪成卷，码在盘内，周围装饰菜心，上边点缀红樱桃即可。

竹荪鸽蛋莼菜汤

原料: 竹荪（干）50克，莼菜50克，鸽蛋10个，高汤、精盐味精、胡萝卜各适量。

 制作:

1. 将竹荪泡发，洗净切段；鸽蛋煮熟去壳，莼菜洗净焯水，胡萝卜洗净切片焯水。

2. 锅内倒入高汤，大火烧开，放入竹荪、鸽蛋、莼菜、胡萝卜略煮，撒入精盐、味精即可。

鹌鹑蛋竹荪汤

原料: 竹荪（干）50克，鹌鹑蛋10个，火腿、香菜叶、鸡汤、精盐、鸡精、料酒、鸡油各适量。

制作：

1. 将竹荪用温水泡发，洗净切成象眼片；火腿切末，香菜叶洗净。

2. 取 10 汤勺，抹匀鸡油，分别磕入鹌鹑蛋，撒上火腿末、香菜叶，上锅蒸 5 分钟取出，装入汤碗内。

3. 锅内倒入高汤，加入鸡精、料酒、精盐、竹荪片，大火烧开，倒入鹌鹑蛋碗内即可。

竹荪蛋熘牛蛙

原料：牛蛙 400 克，竹荪蛋（干）150 克，胡萝卜 25 克，大葱、精盐、味精、鸡精、胡椒粉、植物油、淀粉、鲜汤各适量。

 制作：

1. 将牛蛙洗净，改刀成小块加入精盐、淀粉拌匀；竹荪蛋泡发洗净切片，下开水锅内氽一下，捞起控水；葱切段，胡萝卜洗净切丁。

2. 炒锅注油烧至四成热，下入牛蛙炒至变白，捞出。

3. 锅内留少许油烧热，下入竹荪蛋、胡萝卜、葱炒香，烹入鲜汤，加入精盐、味精、胡椒粉、鸡精，放入牛蛙，大火烧开，用水淀粉勾芡收汁即可。

竹荪百合鳕鱼羹

原料：净鳕鱼肉 100 克，竹荪（干）25 克，鲜百合 50 克，黄瓜汁 1 000 克，枸杞、姜汁、精盐、胡椒粉、料酒、味精、淀粉各适量。

 制作：

1. 将鳕鱼肉切厚片，上锅大火蒸熟，撕成小片；竹荪泡发洗净切成片；鲜百合洗净。

2. 锅内倒入黄瓜汁，放入鳕鱼、百合、竹荪，加入料酒、姜汁、精盐、胡椒粉、味精，大火烧开，用水淀粉勾芡，撒入枸杞即可。

竹荪鱼圆汤

原料：竹荪（干）25 克，净鱼肉 500 克，嫩菜心 25 克，清汤 1 000 克，精盐、料酒、姜、葱各适量。

 制作：

1. 将竹荪泡发洗净，下入开水锅内氽一下，捞出；鱼肉剁成蓉，加入精盐、料酒、葱末、姜末搅拌成馅，挤成鱼圆，下入开水锅内氽熟；嫩菜心择洗干净，下入开水锅内烫熟。

2. 锅内添入清汤，大火烧开，放入竹荪、鱼圆、菜心略煮，撒入精盐即可。

咖喱竹荪卷

原料：竹荪（干）100 克，虾仁、带子肉、石斑鱼肉各 150 克，芥蓝 100 克，葱、洋葱、咖喱、精盐、鸡粉、白糖、椰浆、上汤、鸡蛋清、淀粉、植物油各适量。

 制作：

1. 将竹荪泡发洗净切大片；葱、洋葱均切粒；芥蓝择洗干净，下入开水锅内余一下，捞出控水。

2. 锅内添入上汤，大火烧开，放入竹荪小火煨 15 分钟，捞出。

3. 将虾仁、带子、石斑肉均切小粒，一同加入精盐、鸡粉、鸡蛋清、淀粉拌匀上浆。

4. 炒锅注油烧至五成热，下入虾仁、带子、石斑鱼，小火滑片刻，捞出控油。

5. 锅内留少许油烧至七成热，下入葱、洋葱煸香，加入咖喱、白糖、椰浆、精盐、鸡粉烧开，放入虾仁、带子、石斑肉炒匀成馅料。

6. 将竹荪片卷入炒好的馅料，码在盘内，上锅大火蒸 3 分钟取出，周围装饰芥蓝即可。

香酥竹荪鱼

原料：竹荪（干）50克，净鱼肉300克，鸡蛋1个，精盐、鸡精、淀粉、面包糠、芝麻、椒盐、植物油各适量。

 制作：

1. 将竹荪泡发洗净切段。

2. 将净鱼肉剁成蓉，加入精盐、鸡精搅拌均匀，填入竹荪内，蘸匀鸡蛋液、面包糠、芝麻。

3. 炒锅注油烧至六成热，下入竹荪鱼炸至金黄色，捞出控油，食时蘸椒盐即可。

竹荪折耳炖鳝鱼

原料：净鳝鱼300克，折耳根（鱼腥草）50克，竹荪2根，姜、葱、料酒、胡椒粉、精盐、味精、鲜汤各适量。

制作：

1. 将鳝鱼去骨，洗净血水，切段，下入开水锅汆一下，捞出沥水；竹荪泡发洗净切段；折耳根去老叶、根，洗净切段；姜切片，葱切段。

2. 锅内倒入鲜汤，放入鳝鱼、竹荪、折耳根，加入姜、葱、料酒，大火烧开，撇去浮沫，改小火煮 30 分钟，撒入胡椒粉、味精、精盐即可。

竹荪鸡蛋熘鱼片

原料：净草鱼 1 条，竹荪 3 根，鸡蛋清 1 个，油菜心 50 克，淀粉、味精、鸡精、植物油、精盐各适量。

 制作：

1. 将草鱼洗净，取肉改刀成片，加入精盐、蛋清、淀粉拌匀腌片刻；竹荪泡发洗净切段，油菜心洗净。

2. 炒锅注油烧至三成热，下入鱼片滑散捞出控油。

3. 炒锅留底油烧热，下入竹荪、菜心翻炒片刻，放入鱼片，加少许清水略烧，撒入精盐、味精、鸡精，用湿淀粉勾芡即可。

鲜虾豆腐酿竹荪

原料：竹荪 8 根，豆腐 200 克，鲜虾 100 克，姜丝、白胡椒粉、料酒、蚝油、生抽、精盐、白糖、淀粉各适量。

制作:

1. 将竹荪放入淡盐水中泡软洗净,去掉头和尾部的网,一分为二;豆腐放入微波炉里高火加热2分钟。

2. 将鲜虾洗净切成小粒,加入料酒腌片刻。

3. 将豆腐碾碎,加入鲜虾、白胡椒粉、精盐、淀粉拌匀制成馅料。

4. 将竹荪填满馅料装盘,撒上姜丝,放入蒸锅,隔水大火蒸8分钟,去掉姜丝,滗出原汤。

5. 将原汤倒入锅内,加入蚝油、生抽、白糖烧开,用湿淀粉勾芡,浇在竹荪上即可。

竹荪虾仁烩豆腐

原料: 嫩豆腐250克,竹荪3根,虾仁150克,鸡蛋1个,葱、蚝油、白糖、精盐、鸡汤、料酒、淀粉、植物油。

 制作:

1. 将豆腐切小块,葱切末;竹荪用淡盐水泡发洗净,切成小段。

2. 将虾仁洗净切丁,加入料酒、淀粉拌匀腌渍10分钟;鸡蛋磕入碗内打散。

3. 将豆腐丁加入鸡蛋液拌匀,下入热油锅煎至两面金黄色,捞出控油,码在盘内。

4. 炒锅注油烧热,下入葱末爆香,放入虾仁炒至变色,加入竹荪略炒,淋入蚝油,撒入白糖,倒入鸡汤,大火烧至汤汁浓稠,浇在豆腐上即可。

百合竹荪扒豆腐

　　原料：南豆腐 200 克，竹荪（干）50 克，百合 25 克，虾仁 100 克，姜、大葱、精盐、植物油各适量。

 制作：

　　1. 将百合洗净盛入碗内，加入少许清水，上锅蒸熟；竹荪泡发洗净，虾仁洗净，豆腐切成方块，姜切片，葱切段。

　　2. 炒锅注油烧至六成热，下入姜片、葱段爆香，放入虾仁、豆腐、百合、竹荪，添入少许清水，大火煮 10 分钟，撒入精盐即可。

三鲜烩竹荪

　　原料：竹荪 3 根，鲜虾 100 克，丝瓜 200 克、草菇 50 克，高汤、精盐、植物油各适量。

 制作：

　　1. 将竹荪用淡盐水泡发，洗净切小段；鲜虾去壳、杂质，丝瓜洗净去皮切小块，草菇洗净去蒂切小块。

　　2. 炒锅注油烧至七成热，放入丝瓜翻炒片刻，添入适量高汤，加入竹荪、草菇大火烧开，再加入虾仁，撒入精盐烧 5 分钟即可。

虾仁竹荪冬瓜盅

原料：竹荪（干）50 克，小冬瓜 1 个，虾仁、白果（鲜）、白萝卜各 100 克，香菇（干）25 克，竹笋 50 克，精盐、香油、味精各适量。

 制作：

1. 将竹笋、白萝卜均去皮，洗净切小块；竹荪泡发洗净切小段，冬菇泡发洗净去蒂切小块，虾仁洗净；冬瓜两头切平，去除瓜瓤备用。

2. 将白果、虾仁、白萝卜、冬菇、竹荪、鲜笋一同放入大碗内，加入精盐、味精、上汤，上锅蒸 20 分钟取出，将原料全部倒入冬瓜盅内，再上锅蒸 10 分钟，淋入香油即可。

蟹肉竹荪扒芦笋

原料：蟹肉、蟹黄各 50 克，竹荪 5 根，芦笋 200 克，高汤、精盐、味精、鸡粉、料酒、淀粉、植物油各适量。

 制作：

1. 将芦笋洗净切成长段，下入开水锅内汆一下，捞出沥水；

竹荪泡发洗净切小段。

2. 炒锅注油烧热，下入芦笋段略炒，撒入精盐，用湿淀粉勾薄芡备用。

3. 将竹荪下入烧开的高汤锅内煮片刻，捞出晾凉，穿入芦笋，码入盘内。

4. 炒锅注油烧热，下入蟹黄、蟹肉，加入料酒、高汤、精盐、味精、鸡粉略煮，用湿淀粉勾芡，浇在码好的竹荪芦笋上即可。

竹荪干贝汤

原料：竹荪 2 根，干贝 200 克，精盐、鸡精各适量。

 制作：

1. 将竹荪用温水泡发洗净，切成小段；干贝泡发洗净。

2. 砂锅添入适量清水，加入干贝，大火烧开，改小火煮 20 分钟，放入竹荪煮 10 分钟，撒入精盐、鸡精调味即可。

金钩竹荪冬瓜汤

原料：冬瓜 100 克，竹荪 2 根，虾米、高汤、葱、精盐各适量。

制作：

1. 将竹荪用淡盐水泡发洗净，切成小段；葱切末。

2. 将冬瓜洗净去皮，切成小块。

3. 砂锅添入适量清水及高汤，大火烧开，放入冬瓜块、竹荪段、虾米，煮至冬瓜熟透，撒入精盐、葱末即可。

竹荪干贝冬瓜汤

原料： 干贝 50 克，竹荪 3 根，冬瓜 300 克，老姜、香葱、精盐黄酒、高汤各适量。

制作：

1. 将香葱切段，老姜切片；干贝放入碗中，加入葱、姜、黄酒、少许水，放入烧开的蒸锅内隔水蒸 30 分钟，取出晾凉撕碎。

2. 将竹荪用温水浸泡至软，洗净切成小段；冬瓜去皮切成方块。

3. 汤锅添入适量高汤，放入干贝、竹荪煮 10 分钟，加入冬瓜煮熟，撒入精盐即可。

日式竹荪味噌汤

原料： 青虾、裙带菜、竹荪、日本豆腐、干贝素、味增、鱼露各适量。

制作：

1. 将竹荪用水泡发，洗净去头部；青虾去皮、虾线，取虾仁，加鱼露浸泡片刻；干裙带菜用水泡发，日本豆腐切块。

2. 锅内添入适量清水，大火烧开，放入竹荪、日本豆腐、虾仁略煮，加入适量干贝素、味增搅匀，最后放入裙带菜煮片刻即可。

鲜蟹烩竹荪

> **原料：** 水发竹荪 150 克，活蟹 10 只，鲜草菇 100 克，玉兰片 50 克，火腿 25 克，料酒、油菜心、胡椒粉、高汤、植物油、精盐各适量。

 制作：

1. 将竹荪洗净去蒂，下入开水锅内氽一下捞出；火腿切片；鲜草菇洗净切两半，玉兰片切片，油菜心洗净，分别下入开水锅内氽一下，捞出。

2. 将活蟹刷洗干净，取螯（蟹的第一对脚）20 只，下入开水锅内煮 15 分钟，捞出晾凉，拍碎螯壳取肉，装入碗内。

3. 炒锅注油烧热，放入竹荪，加入料酒、精盐煨 2 分钟，盛入蟹肉碗内，加入适量高汤，上锅蒸 5 分钟取出，滗出汤汁留用，竹荪、蟹肉扣入大汤碗内。

4. 炒锅倒入汤汁，加入高汤、料酒、胡椒粉，下入草菇、玉兰片、油菜心、火腿片，大火烧开，撇去浮沫，倒入大汤碗内即可。

竹荪枸杞炖海参

原料：海虾 200 克，水法海参 200 克，竹荪（干）50 克，枸杞子、姜、精盐、味精各适量。

 制作：

1. 将水发海参洗净切块，海虾洗净去壳和虾线，竹荪泡发洗净切段，枸杞洗净，姜切片。

2. 将海参、虾肉分别下入开水锅内汆一下，捞出控水。

3. 锅内添入适量鸡汤，放入虾肉、海参、姜片、竹荪，大火烧开，撇去浮沫，加入枸杞，盖盖，改小火煮 20 分钟，撒入精盐、味精即可。

竹荪汆刺参

原料：水发刺参 500 克，竹荪（干）25 克，白酱油、绍酒、鸡汤各适量。

制作：

1. 将刺参洗净切小块，下入开水锅内，加绍酒汆一下，捞出控水，再下入烧开的鸡汤（1/2）内，加入白酱油汆一下，捞出，盛入盘内。

2. 将竹荪泡发洗净，切成长条，放入烧开的汆过刺参的鸡汤内汆一下，捞出，盛入刺参盘中。

3. 将剩余的鸡汤，加入白酱油、味精烧开，撇去浮沫，浇入刺参、竹荪盘中即可。

玉米竹荪炖海蚌

原料： 海蚌 6 个，甜玉米 1 根，竹荪 3 根，排骨汤、姜各适量。

 制作：

1. 将海蚌去壳及杂质洗净，排骨汤烧开后撇去油，姜拍松；竹荪用淡盐水泡发洗净，切成小段。

2. 将海蚌、玉米、竹荪、姜一同放入锅内，倒入排骨汤，大火烧开，改小火炖 40 分钟即可。

竹荪响螺汤

原料： 净鲜螺肉 400 克，豌豆苗 500 克，竹荪（干）25 克，精盐、味精、料酒、香葱、清汤各适量。

 制作：

1. 将螺肉加少许精盐洗净，批成连刀荷叶片，下入开水锅内焯至八成熟，捞出控水。

2. 将竹荪泡发洗净，去两头切成段；豌豆苗洗净，香葱切成段。

3.汤锅倒入清汤，放入竹荪、螺片，加入料酒、精盐、味精，大火烧开，再放入豌豆苗、香葱段略煮即可。

龙井文蛤竹荪汤

原料: 竹荪（干）5 根，文蛤 300 克，龙井茶 10 克，老姜、精盐、胡椒粉各适量。

 制作:

1.将竹荪泡发洗净，去头、尾，切小段；文蛤用淡盐水浸泡 2 小时，待其吐尽泥沙；老姜洗净切片。

2.将龙井茶用开水浸泡 1 小时，去渣留茶汤备用。

3.砂锅添入适量清水，大火烧开，放入文蛤、姜片，煮至文蛤开口，撇去浮沫，倒入茶汤，下入竹荪段，烧开，撒入精盐、胡椒粉即可。

奶汤竹荪鲍鱼

原料: 鲍鱼 300 克，竹荪（干）25 克，小白菜 500 克，精盐、胡椒粉、鸡油、奶汤各适量。

 制作:

1.将鲍鱼去裙边、杂质洗净，切成薄片；竹荪泡发，洗净切成段，下入开水锅内汆一下，捞出过凉；小白菜择洗干净留嫩心，下入开水锅内氽一下，捞出过凉。

2. 将奶汤倒入锅内，下入鲍鱼、竹荪、白菜心，大火烧开，撒入精盐、胡椒粉，淋入鸡油即可。

鲍鱼豆苗竹荪汤

原料：竹荪（干）50 克，鲍鱼 50 克，豌豆苗 100 克，黄酒、精盐、味精、胡椒粉、高汤各适量。

 制作：

1. 将竹荪泡发，洗净切成长条；鲍鱼去杂质洗净，切成薄片；豌豆苗洗净。

2. 锅内添入适量高汤，大火烧开，分别放入竹荪、鲍肉片焯一下，捞入汤盆内。

3. 锅内汤汁撇去浮沫，加入精盐、味精、黄酒、胡椒粉，放入豌豆苗烧开，盛入汤盆中即可。

竹荪乌鱼蛋羹

原料：竹荪（干）50 克，乌鱼蛋、白果各 150 克，芥菜 100 克、野山椒、姜、白醋、胡椒粉、味精、辣椒油、精盐、鸡汁、湿淀粉、高汤、鸡蛋清、植物油各适量。

制作：

1. 将乌鱼蛋洗净，剥去脂皮，下入凉水锅内，大火烧开，关火浸泡 6 小时后，一片一片撕开，反复洗去咸腥味。

2. 将竹荪泡发洗净切片，芥菜择洗干净切抹刀片，白果洗净，野山椒切碎，姜切片。

3. 将白果、芥菜、竹荪分别下入开水锅内汆一下，捞出控水。

4. 炒锅注油烧至七成热，下入野山椒、姜片炒香，倒入高汤，加入精盐、味精、胡椒粉、白醋、鸡汁，大火烧开，放入乌鱼蛋片、白果、芥菜、竹荪，淋入鸡蛋清，用湿淀粉勾芡，滴少许辣椒油即可。

柠檬竹荪鱼蛋汤

原料： 竹荪（干）25 克，乌鱼蛋 50 克，柠檬 4 个，清汤、香菜叶精盐、胡椒粉、淀粉各适量。

 制作：

1. 将竹荪泡发洗净切条，香菜叶洗净；柠檬洗净，一个切成薄片，余下 3 个挤汁备用。

2. 将乌鱼蛋下入凉水锅内，大火烧开，捞出过凉，撕成片，反复洗去腥味。

3. 锅内添入适量清汤，大火烧开，放入竹荪、乌鱼蛋煮透，加入精盐、胡椒粉，用水淀粉勾薄芡，淋入柠檬汁，撒入味精，最后放入柠檬片，撒上香菜叶即可。

发菜炖竹荪

原料：竹荪（干）50克，水发发菜100克，水发香菇、水发腐竹、冬笋、胡萝卜各75克，熟面筋50克，料酒、香油、精盐、味精、胡椒粉、鲜汤、姜末各适量。

 制作：

1. 将竹荪泡发洗净，切斜刀块，下入开水锅内汆一下，捞出；胡萝卜洗净去皮、根，切成块；冬笋、水发香菇洗净，切成片；水发发菜洗净，缠绕成球形；熟面筋切成小块，水发腐竹洗净切成段。

2. 炒锅注少许香油烧热，下入姜末爆香，倒入鲜汤，大火烧开，下入香菇片、熟面筋块、腐竹段、胡萝卜块、冬笋片，加入味精、精盐、料酒、胡椒粉略烧，再放入发菜球烧开即可。

竹荪栗子饭

原料：大米250克，竹荪（干）100克，栗子（鲜）100克，植物油、淀粉、香油、白糖各适量。

制作：

1. 将竹荪泡发洗净；粟子洗净，放入开水锅内煮至壳裂开，去壳、薄衣。

2. 炒锅注油烧热，放入竹荪、粟子，加入白糖、适量清水，大火烧开，改小火焖 5 分钟，用湿淀粉勾芡，淋入香油。

3. 大米淘洗干净，放入竹荪、粟子，添入适量清水，上锅蒸熟即可。

图书在版编目（CIP）数据

美味双竹：竹笋、竹荪菜肴/洪春主编 . —北京：
中国农业出版社，2017.1
ISBN 978-7-109-21641-9

Ⅰ.①美… Ⅱ.①洪… Ⅲ.①竹笋－菜谱②竹荪属－
菜谱 Ⅳ.①TS972.123

中国版本图书馆 CIP 数据核字（2016）第 094111 号

中国农业出版社出版
（北京市朝阳区麦子店街 18 号楼）
（邮政编码 100125）
策划编辑 程 燕 育向荣
————————————
北京中兴印刷有限公司印刷 新华书店北京发行所发行
2017 年 1 月第 1 版 2017 年 1 月北京第 1 次印刷
————————————
开本：880mm×1230mm 1/32 印张：9
字数：236 千字
定价：20.00 元
（凡本版图书出现印刷、装订错误，请向出版社发行部调换）